苜蓿病虫害识别与防治

◎ 张泽华　李彦忠　涂雄兵　杜桂林　俞斌华　主编

中国农业科学技术出版社

图书在版编目（CIP）数据

苜蓿病虫害识别与防治 / 张泽华等主编 . — 北京：中国农业科学技术出版社，2018.10

 ISBN 978-7-5116-3597-6

Ⅰ . ①苜… Ⅱ . ①张… ②李… ③涂… Ⅲ . ①紫花苜蓿 – 病虫害防治 Ⅳ . ① S435.5

中国版本图书馆 CIP 数据核字（2018）第 062507 号

| 责 任 编 辑 | 姚　欢 |
| 责 任 校 对 | 贾海霞 |

出 版 者	中国农业科学技术出版社
	北京市中关村南大街 12 号　邮编：100081
电　　话	（010）82106636（编辑室）（010）82109704（发行部）
	（010）82109702（读者服务部）
传　　真	（010）82106631
网　　址	http://www.castp.cn
经 销 者	各地新华书店
印 刷 者	北京东方宝隆印刷有限公司
开　　本	787 毫米 ×1 092 毫米 1 /16
印　　张	16.625
字　　数	400 千字
版　　次	2018 年 10 月第 1 版　2018 年 10 月第 1 次印刷
定　　价	80.00 元

　　20 世纪 90 年代以来，在国家政策支持下，牧草产业快速发展。苜蓿作为优质饲草，种植面积逐年扩大，截至 2016 年年底，我国苜蓿种植面积超过 5 000 万亩（1 亩 ≈ 667m^2，15 亩 =1hm^2，全书同），产量约 2 600 万吨。主要涵盖东北、华北、西北等苜蓿主产区。随着苜蓿种植面积扩大，苜蓿病虫害不断发生和严重为害日益成为阻碍牧草产业持续发展、农牧民增收的重要瓶颈之一。苜蓿病虫害不仅造成产量下降，更为重要的是造成品质降低，甚至绝收。按一般年份估算，苜蓿害虫至少造成 20 % 以上产量损失，年均直接经济损失约 92 亿元；苜蓿病虫害不仅造成大面积减产，并且其为害过程中能产生毒素，导致家畜生长不良、中毒、繁殖能力下降，甚至死亡。苜蓿病虫害的持续为害，不仅造成了畜牧业生产巨大经济损失，同时，还严重威胁我国草地生态环境和农牧民的生产生活。

　　苜蓿在我国有着悠久的历史，近年来，科技工作者对苜蓿病虫害发生与分布、流行规律、为害特征及防治技术等方面进行了比较系统的研究。然而，苜蓿病虫害的研究尚有一些问题亟待解决，例如，苜蓿病虫害的分布区域研究不够全面，给科学研究和防治工作带来极大不便。主要是由于尚无统一的鉴定及分类标准，导致病害、虫害识别困难，同时对苜蓿害虫的天敌重要性认识不足。为了更好地进行苜蓿病虫害研究，本书在前人研究基础上，结合实地调查研究，对我国苜蓿主要病虫害进行了系统性的总结。本书共分为两篇，第一篇是苜蓿主要病害识别与防治，包含 5 章，包括苜蓿病害的发生与为害、为害全株的病害、苜蓿根部病害、为害茎叶的病害、苜蓿主要病害防治技术，共记述我国苜蓿病害 24 种，其中，为害全株的苜蓿病害 4 种，根部病害 3 种，茎叶部病害 17 种，并提供种类检索表；第二篇是苜蓿主要虫害识别与防治，包含 5 章，包括苜蓿主要害虫及发生规律、苜蓿主要害虫形态特征、其他牧草主要害虫形态特征、苜蓿害虫天敌形态特征、苜蓿主要害虫防治技术规程，共记述我国常见的苜蓿害虫共 5 目 19 科 53 种、其他牧草害虫 6 目 25 科 63 种，天敌 2 纲，其中昆虫纲 6 目 14 科 50 种、蛛形纲 1 目 4 科 12 种，并提供种类检索表。

本书的编写和出版由现代农业牧草产业技术体系（编号：CARS-34-07）和全国畜牧总站组织实施的南方饲草主要害虫与天敌资源调查项目支持。本书编写所用标本主要来源于中国农业科学院植物保护研究所、中国农业大学昆虫标本馆、兰州大学草地农业科技学院馆藏标本。本书撰写过程中，北京市农林科学院虞国跃研究员编写了苜蓿害虫天敌——瓢虫科部分，还得到了国家牧草产业技术体系岗位专家、试验站站长等的大力支持，在此一并表示衷心的感谢。

本书所涉及的内容范围广泛，由于时间和水平有限，书中难免有不足之处，请广大读者给予指正。

编 者

2018 年 6 月

目　录

第一篇　苜蓿主要病害识别与防治

1

第二篇　苜蓿主要虫害识别与防治

第一篇

苜蓿主要病害识别与防治

第一章

苜蓿病害的发生与为害

苜蓿病害按照为害部位分为全株性病害、根部病害、茎叶部病害，按照病原在植株上分布又可分为系统性病害和局部性病害。

一、按照为害部位

1. 全株性病害

全株性病害是指病原生物能够分布于整个植株的病害，即从植株根部、茎部、叶部甚至花和种子中都能分离出病原物。病害初发时常从植株个别叶片或枝条开始，随后发展至全株，以枯斑、花叶、黄化、矮缩、簇生、畸形、维管束变色、根部腐烂等最为常见。

2. 根病

根病是指病原生物仅分布于根系及根颈部、茎基部的病害，统称为根腐病。根腐病在病原分布处产生腐烂，但在没有病原生物分布的部位也可能产生一系列的病状，主要有叶片边缘干枯、植株萎蔫、生长不良、返青期推迟甚至死亡等。但这些地上部分表现出的病状与茎叶斑点类病害不同，即病斑无规则，无霉层，也不可能镜检到病原生物。要确定牧草不健康是否为根腐病，只能进行病原生物的分离、培养、接种和再分离。

3. 茎叶病

最常见的牧草病害是茎叶部病害，大多数病害为局部侵染，只侵染部分茎秆、叶片的局部，其症状表现的实质是病原生物的孢子落在这些部位后，萌发出芽管再侵染到组织内，这时肉眼尚看不到任何变化，当芽管侵染后生长出的菌丝在细胞之间或细胞内扩展的过程中，导致细胞死亡，开始出现肉眼可见的变化，主要出现小点，小点褪绿变黄，在这个阶段，变色的小点在体视显微镜下清晰可见。当病菌的菌丝进一步在组织中扩展的过程中，小点变成斑点，斑点的大小、形状和颜色因牧草种类、牧草受侵染组织、病原生物等方面的不同，即使同一种病原侵染同一种牧草，不同品种上的斑点也存在差异。

然而，仅根据病斑的大小、颜色、形状常无法准确诊断出具体是什么病害，即无法确定病原的属种，除非诊断者对某些病害的症状特点和病原生物的分类地位了如指掌。

除白粉病等少数病害之外，大部分菌物病害的病斑上很难观察到菌丝体。其病斑上产生霉层、颗粒状物、粉状物等病征的时间均晚于病斑产生的时间，通常在病害发生后期，病斑上通常可产生病征，镜检病征，就可确定其病原生物的种类。具备对常见病害识别技能的人员，根据病征可初步判断出病害种类，如白粉病、黑粉病、霜霉病、锈病、白锈病等，但其病原的种属确定尚需室内镜检。

镜检牧草病害的病原时，要注意杂菌（不属于研究对象，有菌物和细菌）的干扰，因为一些菌物病害的病斑和虫螨害的斑点在气候潮湿的条件下，容易滋生青霉菌属（*Penicillium*）、芽枝霉属（*Cladosporia*）、链格孢属（*Alternaria*）等腐生菌。即使无病害的健康植株，在潮湿条件下，同样可镜检出这些杂菌。腐生细菌更是无处不在。

二、按照病原在植株上分布的普遍性

1. 系统性病害

系统性病害是指病原生物生活于牧草植株体内的病害，是一类非常特殊的病害，其病原生物分布于全株，症状呈现在全株，但其症状可能只出现在牧草某个生长阶段，主要表现为矮化、丛枝、萎蔫、病粒等，苜蓿黄萎病的病原（*Verticillium alfalfae*）生活在植株体内，在牧草苗期的症状不明显，后期叶片变黄，叶片边缘出现叶斑，当病原生物大量繁殖，堵塞维管束，影响水分运输时，导致枝条萎蔫，植株快速死亡，但其发病植株表面难以观察到或镜检出其病原生物的菌丝和孢子，对其分离培养即可得到其病原。苜蓿霜霉病（*Peronospora aestivalis*）的菌丝体可在茎基部和根颈部越冬，苜蓿返青后随枝条生长而在体内扩展，造成整株矮化、叶斑，其病部产生的孢子侵染新叶后菌丝体也可扩展到整个叶片及邻近的组织部位之中，表现为系统性症状。苜蓿病毒病也是系统性病害。

2. 局部性病害

只在植株的某些部位发生，但不会发生在其他组织部位的病害，即为局部性病害。苜蓿黄斑病、春季黑茎病、夏季黑茎病、匐柄霉叶斑病等苜蓿的各类叶斑病均为局部性病害。

不论是系统性病害，还是局部性病害，均会对苜蓿正常生长、苜蓿田的健康发展带来不利的影响。

三、对植株生理的影响

1.对光合作用的影响

各类苜蓿叶部病大量分布于叶片上时，减少叶片的光合面积，直接减少光合产物的合成，使植株因缺少光合产物而生物量减少，分枝减少，株高降低。

2.对水分和矿物质吸收与运输的影响

苜蓿的根部病造成根系部分或全部腐烂，使吸收水分和矿物质的能力减弱，通常地上生长不良，即外观上植株弱小，不健壮，严重者植株死亡。植株通过根颈部将地上的光合产物输送到根系，供根部生长和越冬期根部存活，如果根颈受害则阻断碳水化合物向下运输和根部吸收的水分和矿物质向上运输。

3.对根瘤菌生活的影响

苜蓿根部的根瘤菌起到固氮作用，根部受害则影响根瘤菌的生成和功能发挥，则直接导致植株营养供给不足。

4.生化代谢受干扰

一些病原生物侵害后，苜蓿体内的乙烯、脱落酸等代谢失调，植株出现矮化、叶色变淡、丛枝等生长异常。

四、对植株各组织部位的影响

（1）叶部病害常造成叶片脱落，如苜蓿褐斑病。

（2）茎部受害，常引致病斑以上干枯死亡，如苜蓿炭疽病。

（3）根颈和根腐病常造成植株皮层变色，根中变色至空洞，严重者完全腐烂，如镰刀菌根腐病。

（4）凡根和茎秆受害的局部病害以及系统性病害均造成枝条不抽穗，或抽穗后花期发育不良，结种少或种子秕瘦。

（5）全株受害。苜蓿腐霉根腐病、丝核菌立枯病常引致烂种或不发育，或出苗后死亡。成株期发生根病导致植株生长不良甚至死亡。

五、对草地的影响

1.草地建植

苗期苜蓿病害导致苗期缺苗断垄，植株密度偏少，草地建植不良，后续草产量不理想。

2.草地持久性

茎叶病害发生重，连续多年为害，或根部病害发生严重可导致苜蓿草地的植株密度迅速下降，草地有效利用年限缩短，即草地衰退。

3.草地生产力

由于叶部病害导致叶片大量脱落，或植株生长不良，或植株密度过低等原因导致草地每年的产草量或种子产量降低，即生产力下降，如苜蓿褐斑病减少草产量15%~40%，种子产量降低25%~57%，苜蓿霜霉病降低草产量10%~30%，种子产量降低94%。

六、对苜蓿商品性的影响

1.色泽变差

感染病害的苜蓿干草色泽灰暗，价格下降。

2.营养成分降低

感染病的苜蓿因叶片脱落、养分受病原生物损耗等原因，草料中粗蛋白质含量降低，粗纤维含量，总糖含量下降。

3.贮藏期缩短

染病的苜蓿无论鲜草、青贮，还是干草或颗粒饲料，在潮湿环境下容易发霉变质，缩短存贮时期。

4.外销条件降低

如果携带苜蓿黄萎病等检疫性病时则严禁出口或外销到其他省区，检疫部门将强制查封和销毁。

七、对饲用价值的影响

1.适口性和消化率降低

粗纤维含量的增加以及发霉等原因，染病的苜蓿的适口性和消化率均降低。如苜蓿锈病感染后粗蛋白质含量降低18.2%，粗纤维含量增加14.6%，消化率降低60%~70%。

2.产生有毒有害物质或不利的化合物含量增加

苜蓿褐斑病（*Pseudopeziza medicaginis*）侵染苜蓿后，植株体内的香豆醇含量增加数十倍至上百倍，抑制雌畜排卵和受孕，影响家畜生产。丝核菌（*Rhizoctonia solani*）感染苜蓿后产生真菌毒素流涎素，引致采食病草的家畜中毒，产生流涎、流泪、腹泻、尿频、厌食等症状，并可导致妊娠母畜流产。雪腐镰孢（*Fusarium nivale*）、粉红镰孢（*Fusarium roseum*）、禾谷镰孢（*Fusarium graminearum*）和三线镰孢（*Fusarium tricinctum*）产生 T-2 毒素、脱氧雪腐镰孢醇等毒素，诱发醉谷病、柳拐病、白细胞缺乏病、败血性咽炎，使人畜心力衰竭。

八、对经济效益的影响

1. 对苜蓿种植户

无论种植苜蓿的企业还是种植户，其栽培苜蓿的最终目标是获得最大的经济利益，实现此目标的途径：第一、草产量高，第二，草料优质，出售价格高。苜蓿病降低草产量，减产通常为 15%~30%，如果病发生严重则减产可达 50% 以上。按 2015 年苜蓿干草每吨 2 000 元，病害导致减产 15%，每年亩产 0.8 吨干草（水肥中等，2~5 龄盛产期）计算，仅因产量造成的经济损失每亩 800 元。

各类叶斑病发生后叶片大量脱落，而苜蓿的叶片中粗蛋白含量最高，因此叶片脱落造成苜蓿草料中粗蛋白质降低。苜蓿在盛花期第一茬刈割时，粗蛋白质含量高，病害发生少，草产品的价格可达每吨 2 300~2 600 元，第二茬苜蓿的粗蛋白质含量有所降低，再加病害发生导致叶片脱落，腐生菌引起霉变的比例升高，价格就会降低。

获得较大经济收益不仅要求年度的草产量稳定在高水平，而且要求苜蓿草地可持续收益数年。在平地灌水条件下，苜蓿通常可利用 5~8 年，在干旱山区，通常可利用 10 年以上，但草产量远不及平地灌水条件下。然而，当根腐病发生普遍时，苜蓿草地衰退速度加快，利用年限缩短。受到冻害或地下害虫猖獗时，草地也会很快衰败。

按照土地长期利用期间的收益来看，如果草地迅速衰败，如果仍以苜蓿作为经济收入来源，则不得不将衰败的苜蓿草地翻耕土中，势必增加农业投入，总收益将下降。

2. 对苜蓿使用户

对于苜蓿草料的使用者来说，取得最优饲喂效果是最终的目标。然而，受病感染的苜蓿草料的适口性、消化率降低，饲喂效果就大打折扣，如产奶量下降，奶品的品质下降，酮体增重减缓等。某些苜蓿草料因含有大量的病原真菌和霉变成分，家畜取食后还会影响家畜的健康，如导致不孕、不育、流产、中毒、死亡等。不过目前我国畜牧企业因缺乏设备和技术，尚无条件检查饲料中是否含有毒有害物质。

3. 对经营加工苜蓿产品的企业

经营苜蓿种子的公司和加工销售苜蓿的干草、草粉、青贮饲料等的企业，受国际和国内市场供求决定的价格范围内，力求在苜蓿生产者和使用者之间的供求过程中获得最大利润。苜蓿发病与否以及受害程度在一定程度上影响在这些企业的收益，如苜蓿种子中混杂菟丝子或感染苜蓿黄萎病的籽粒，则这批次的苜蓿种子就不能出口，在国内销售也较为困难，经营势必亏本。

九、对产业的影响

与苜蓿密切相关的产业有草产业和畜牧产业，二者为社会生产系统中相互衔接的两个产业，其中草产业为上游产业，畜牧业为下游产业，没有草产业就没有畜牧业。我国于 2012 年启动"奶牛苜蓿发展计划",其目的为推动两个产业健康、协调、有序发展。

1. 草产业

千家万户个牧草种植户组成了我国的草产业,其中苜蓿是牧草中最重要的牧草。因此我国生产的苜蓿产品的量远远不能自给自足,大量还依靠从国外进口。由于我国苜蓿生产技术不如美国等发达国家,与国外进口的苜蓿产品相比,我国生产的苜蓿产品的价格不具有竞争优势,质量上也低于进口的产品。这使得我国草产业的发展遇到很大困难。减少病害的影响,提高苜蓿的生产收益,增加农民收入,才可促进我国草产业的壮大。如果病害导致苜蓿的产量和价格持续降低,种草积极性就会逐渐下降,我国畜牧业的发展就如无水之鱼。如果苜蓿黄萎病、炭疽病等毁灭性病害得不到有效控制,则可造成我国苜蓿产业的毁灭。军马未动,粮草先行,草产业不仅是农民增收的来源,也是我国社会健康发展的保证。

2. 畜牧业

畜牧业是将植物产品转化为动物产品的产业,不仅保证国人对动物性食物的需求,而且保证国人体质和健康。我国的畜牧业产区多分布于少数民族居住区,畜牧业的发展也是民族团结,社会稳定发展的保证。当病害影响到草产品的有效供给时,畜牧业发展就会受到影响,特别是在遇到雪灾、旱灾等重大自然灾害,或遇到战争等突发事件时,草产品的储备就更为重要。

第二章

为害全株的病害

为害全株的苜蓿病害是系统侵染病害，又称为维管束病害。病原菌侵入病株维管束，导管因被菌体堵塞或遭受病原菌毒素损害而丧失输导机能，致使维管束变色、腐烂，病株萎蔫。苜蓿的主要系统侵染病害主要有黄萎病和细菌性凋萎病。

苜蓿全株病害检索表

第一节　苜蓿黄萎病

一、症状及识别要点

症状：

因病害系统侵染到植株体内，故在植株上表现一系列症状，其中最明显的症状为枝条叶片变黄、茎秆枯死、植株死亡（图1）。在同一植株上，开始发病时部分或全部枝条的顶梢叶片干枯，叶片自上而下发病，但枝条不会立即变干褪绿，而在较长时间内保持绿色（图2），茎的木质部变浅褐色或深褐色。叶片上的症状为：发病初期叶尖出现"V"形褪绿斑（图3），后失水变干，变干的小叶常呈现粉红色（图4），有些也保持灰绿色，脱落，常留下变硬、褪绿的叶柄附着在绿色的茎上，一些顶部小叶片变窄，向上纵卷。根维管束变黄色、浅褐色、深褐色（图5）。发病存活的组织上均不产生病菌的孢子梗和孢子，但在潮湿条件下病原菌在死亡的茎基部大量产生分生孢子梗和孢子（图6），使茎表面覆盖浅灰色霉层。

图1　苜蓿黄萎病田间症状

图 2　田间草丛中发生苜蓿黄萎病的植株

图 3　苜蓿黄萎病在枝条和叶片上的症状

图 4　苜蓿黄萎病在叶片上的典型症状

图 5　苜蓿黄萎病在根部的症状（左：根中柱横切面；右：根中柱纵切面）

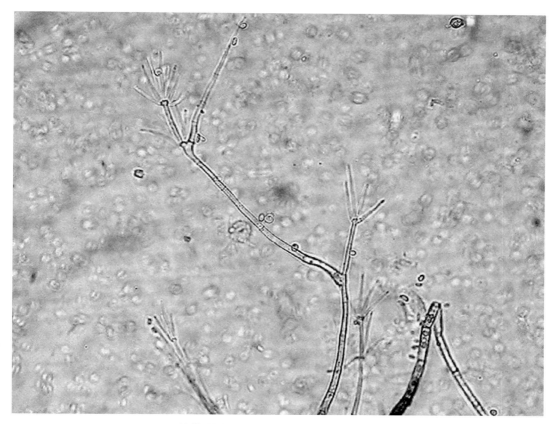

图6　苜蓿黄萎病的病原（分生孢子梗和分生孢子）

识别要点：

枝条上叶片干枯，但直到植株死亡前茎秆仍保持绿色（因枝条受害部位是维管束，而皮层未受害，与苜蓿的炭疽病、镰刀菌根腐病等均不同），叶片发病始于叶尖，多呈"V"字形变黄，后整个叶片变黄。

二、病原物与寄主范围

2014年之前该病的病原为黑白轮枝孢（*Verticillium alboatrum* Reinke & Berthier），可侵染苜蓿、棉花（*Gossypium*）、啤酒花（*Humulus lupulus*）、黄瓜（*Cucumis*）、鼠李属（*Ceanothus*）、天竺葵属（*Pelargonium*）、牻牛儿苗科（Geraniaceae）等植物，引致黄萎病，但该菌种有多个菌丝融合型，不同融合型的寄主范围不同。此后将仅侵染苜蓿的一种类型（分子生物学特性与其他类型也不同）描述为苜蓿轮枝孢（*Verticillium alfalfae*），其余菌丝融合类型仍保留为黑白轮枝孢。

苜蓿轮枝孢与黑白轮枝孢在形态特征方面非常相似，如：在PDA培养基上菌落白色至灰色，绒毛状，后因生成暗色休眠菌丝，菌落中央变黑褐色。分生孢子梗直立，有隔，无色至淡色，但在植物基质上生长的老熟孢梗基部膨大，暗色。梗上每节轮生2~4

个小梗（轮枝），可有 1~3 轮，小梗尺度（20~30）μm×（1.4~3.2）μm，顶端亦生小梗（顶枝）。小梗端部的产孢瓶体连续产生分生孢子，聚集成易散的头状孢子球。有时小梗发生二次分枝。由苜蓿茎长出的分生孢子梗长 55~163μm，宽 3.8~5.6μm。梗的顶枝长 30~49μm，宽 2.2~4.4μm，轮枝长 22~27μm，枝层间距 29~46μm。分生孢子无色，单胞，椭圆形、圆筒形，大小（3.5~10.5）μm×（2~4）μm。此两种菌与大丽轮枝孢（*V. dahliae* Kleb.）相似，但大丽轮枝孢的分生孢子梗基部无暗色，且 PDA 培养基上产生大量微菌核（培养基内部的菌丝膨大、成串、黑色），而苜蓿轮枝孢与黑白轮枝孢在 PDA 上培养时不产生微菌核，此外，大丽轮枝孢在 33℃时仍可缓慢生长，而苜蓿轮枝孢与黑白轮枝孢在 33℃时停止生长。

三、病害发生规律

该病菌可在已感染苜蓿体内、土壤和种子中存活，且以此越冬，但在土壤中存活不超过 1 年，而在干草中可存活 3 年以上，带菌的种子是远距离传播的主要方式，刈割也可造成传播，蝗虫、蚜虫、食菌蝇、切叶蜂以及土壤中为害苜蓿根部的线虫等都可携带并传播此病菌，气流或风也可使病组织碎片和分生孢子传播到较远地区，绵羊取食干草后排泄的粪肥也可传播。病原菌直接或通过伤口侵入苜蓿的根。灌溉的苜蓿田常发生严重，而旱地苜蓿发生则较轻。

四、病害分布及为害

植物黄萎病是由轮枝孢属真菌引致植物叶片变黄、枝条萎蔫甚至植株死亡的一类病害。苜蓿黄萎病最早于 1918 年发现于瑞典，1962 年传入加拿大，1976 年传入美国，1980 年传入日本，是苜蓿上最危险的病害、毁灭性病害；从传播途径上属于种传病害，从病菌在植株体内的分布范围上属于系统性病害，因主要侵染维管束导致萎蔫，故也属于维管束病害，是我国第 276 号进境植物检疫性有害生物。在欧洲严重发病的种植地次年可减产 50% 左右，植株生长年限大大缩短，常使一些感病苜蓿草地到第三年即失去利用价值。我国最早于 1998 年发现于新疆维吾尔自治区阿克苏地区温宿县托乎拉乡，2015 年又在甘肃省张掖市民乐县和临泽县发现该病。

第二节　苜蓿细菌性凋萎病

一、症状及识别要点

症状：

病株通常散布整个田块，最显著的症状是叶色浅淡，叶片斑驳，叶片稍呈杯状或向上卷曲，植株略矮。严重感染的植株明显矮化，叶片黄绿色，植株上有许多小而细弱的枝条，小叶扭曲变形。通常刈割后再生时病株最为明显。病株主根的横切面，外围维管组织先呈黄褐色，随病害发展，整个中柱变色。当剥离皮层时，中柱呈黄褐色，健株的中柱呈白色。病株根部皮层内表面常有变色。

识别要点：

植株的枝条多而纤细，叶片色淡，黄绿色相间呈斑驳状，后干枯，根维管束变黄，植株死亡。症状与黄萎病相似，准确诊断需挤压出茎和根的汁液，显微镜观察到大量细菌。

二、病原物与寄主范围

该病的病原为密执安棒形杆菌诡谲亚种（*Clavibacter michiganensis* subsp. *insidiosus*（McCulloch）Carlson & Vidaver），属原核生物界厚壁菌门棒形杆菌属。菌体短杆状，末端钝圆，单生或成对，大小为（0.4~0.5）μm×（0.8~1.0）μm，无鞭毛，不运动，革兰氏阳性细菌，好气性，不抗酸。在营养琼脂上菌落初为白色后变淡黄色，圆形，扁平或稍隆起，边缘光滑，有光泽。该菌生长适宜温度为12~21℃，最高温度为30℃，最低温度为3℃。该病原菌能在含葡萄糖的培养基上产生黑蓝色颗粒状色素，即靛青素（indigoidine）。

该菌侵染苜蓿、百脉根、草木樨、三叶草等。

三、病害发生规律

病原菌通常在存活的根和根颈、土壤中病残体和种子上越冬。在20~25℃的实验室条件下，干燥的病草或种子中的病原菌可存活10年以上，而在土壤中病残体内存活年限较短。病原菌主要从根部、根颈部的伤口侵入，伤口类型较多，包括地下害虫、线虫造成的伤口，冻伤和机械损伤等。另外，病原菌还可以从茎秆刈割断面侵入。侵入后，先在薄壁组织细胞间繁殖，然后进入维管束组织，系统扩展，缓慢发病。细菌菌体可阻塞导管，还产生糖蛋白类毒素，损害输导机能。带菌种子和带菌干草可远距离传播病害。在田间则通过土壤、风雨、灌溉水、昆虫、线虫、刈割刀片、农机具以及农事操作而传播扩散。初发田病株点片分布，症状不明显，田间菌量逐年积累，病情缓慢加重，通常在第二年或第三年就能出现明显症状。细菌性凋萎病主要在灌区发生。通常低湿、积水田块或多雨年份发病增多。根结线虫、鳞球茎线虫等地下害虫可传播病原菌，且造成较多根部伤口，有利于病原菌侵入，因而线虫或地下害虫发生较多的地块，发病也重。植株营养失衡，高氮、高磷、低钾时往往发病较重。

四、病害分布及为害

该病首次于 1924 年发现于美国，后随种子传入加拿大、墨西哥、智利、欧洲、俄罗斯、澳大利亚、新西兰、日本、中亚地区，在我国未发现此病，是一种苜蓿上的毁灭性病害、种传病害、系统性病害、维管束病害。美国除西南部炎热的沙漠及雨量稀少而又无灌溉的地区以外，凡有苜蓿种植的其他地区均有这种病害。细菌性凋萎病可引起植株死亡，加速草地衰败。在轻度或中等发病，尚不至死亡的情况下，也使牧草和种子产量显著下降。据加拿大资料显示，该病使草产量下降约 58%，前苏联曾报道该病使荚果减少 41%，种子减少 54%。苜蓿细菌性萎蔫病菌为我国第 192 号进境植物检疫性有害生物。

第三章

苜蓿根部病害

　　苜蓿是多年生豆科牧草，在大田生产中一次种植可利用 5~8 年，但因其利用年限较长，根腐病已成为苜蓿产量下降和植株衰败的一个极其重要的原因。苜蓿根腐病是一种世界性的病害，是苜蓿最主要的根部病害，普遍发生于各个苜蓿栽培地区，该病不仅降低了苜蓿的品质，甚至使其丧失了加工利用的价值。随着种植面积的增加和种植年限的延长，病害问题愈加严重。苜蓿根腐病已成为限制苜蓿生产的主要因素，可造成苜蓿大量死亡。

苜蓿根部病害检索表

1	幼苗未猝倒 ⋯⋯⋯⋯⋯⋯⋯⋯⋯⋯⋯⋯⋯⋯⋯⋯⋯⋯⋯⋯⋯⋯⋯	正常植株
	幼苗猝倒 ⋯⋯⋯⋯⋯⋯⋯⋯⋯⋯⋯⋯⋯⋯⋯⋯⋯⋯⋯⋯⋯⋯⋯⋯⋯⋯	2
2	出苗前后猝倒 ⋯⋯⋯⋯⋯⋯⋯⋯⋯⋯⋯⋯⋯⋯⋯⋯⋯⋯⋯⋯⋯⋯⋯	3
	初期直立，茎部木质化后猝倒 ⋯⋯⋯⋯⋯⋯⋯⋯⋯⋯⋯⋯⋯⋯	5
3	胚根、子叶变黑色，软化 ⋯⋯⋯⋯⋯⋯⋯⋯⋯⋯⋯⋯⋯⋯⋯⋯	4
4	根颈缢缩，生出多条不定根，有水渍状 ⋯⋯⋯	苜蓿腐霉根腐病 *Pythium*
	根部变黄由皮层向木质部扩展，无水渍状 ⋯⋯	苜蓿疫霉根腐病 *Phytophthora megasperma*
5	叶片发病死亡干枯后呈黑色，不脱落挂在植株上 ⋯⋯⋯	苜蓿丝核菌根腐病 *Rhizoctonia solani*

第一节　苜蓿镰孢萎蔫和根腐病

一、症状及识别要点

症状：

植株感病后明显衰弱，枝梢萎蔫下垂，叶片变黄枯萎，常有褐紫色变色。因病菌仅侵害根和根颈部，而不直接侵染茎和叶，故地上表现出的症状不是直接受害产生的，而是根和根颈部受害造成的间接症状，而根和根颈部症状埋在土壤中通常观察不到。根和根颈部的主要症状有：皮层出现褐色病斑至腐烂凹陷（图7），开裂或剥脱（图8）（主要为腐皮镰孢），中柱红褐色至暗褐色，可横切根观察（图9）、纵切根观察（图10）（主要为尖镰孢），也可观察到中柱变色（图11）。尖镰孢主要侵染中柱而不侵染皮层，而腐皮镰孢仅侵染皮层而不侵染中柱。苜蓿镰孢萎蔫与根腐病在地上部分的主要症状有：苗期植株萎蔫死亡，或春季不返青，或返青时芽死亡，返青后枝条未均匀分布于植株根颈四周，而在某些方位有缺失（图12），或植株生长衰弱，枝条稀少且纤细，叶片色淡不嫩绿，或在后期生长中个别枝条萎蔫下垂数日后干枯（图12，图13），萎蔫枝

图7　苜蓿根腐病的根部症状（变色、腐烂）

图 8　苜蓿根腐病的根皮层症状（变色、腐烂、开裂）

图 9　苜蓿根腐病的根部横切面

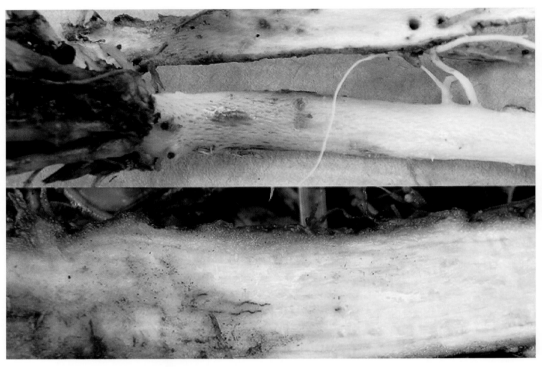

图 10 苜蓿根腐病的皮层与中柱（上）和根部纵切面（下）

图 11 苜蓿根腐病的根部中柱和髓部纵切面

图 12　苜蓿根腐病的病株（右 2 为春季未返青植株，右 1 和左 3 为春季返青后萎蔫死亡植株）

图 13　苜蓿根腐病在田间萎蔫症状

条上的叶片变黄枯萎，常有褐紫色变色，或全株在萎蔫数日后死亡。该病害通常为慢性病，植株不会迅速死亡，但尖镰孢常可引致萎蔫至死亡的急性症状。春季不返青是因主根或根颈彻底腐烂，植株在越冬期间已死亡。可返青的发病植株因主根和根颈受害部位及受害程度不同，地上可出现一系列症状，仅根颈受害的植株萌发枝条的能力下降，死亡风险增大，枝条在植株四周的分布不对称，在田间容易拔出，常在根颈处断裂，而主根未变色或腐烂；仅主根受害的植株上枝条数量和分布正常，但植株衰弱，不易拔出，挖除植株可见根颈生长正常；根和根颈的皮层受害，影响地上光合产物向下运输，因而根系生长不良直至死亡，中柱受害则影响根部吸收的水分和矿物质向上运输，因而枝细叶黄，植株萎蔫直至死亡。在发病植株的主根和根颈部可观察到霉层，如腐皮镰孢（图 14）。

识别要点：

短期内茎秆绿色，叶片萎蔫下垂，叶片枯黄或变为红褐色，主根导管红褐色条状变色，皮层腐烂，容易开裂、剥落，髓部腐烂、中空，死亡植株容易从土壤中拔出。

二、病原物与寄主范围

多种镰孢属真菌均可侵染苜蓿，引起萎蔫、根腐等症状，主要有尖镰孢、腐皮镰孢

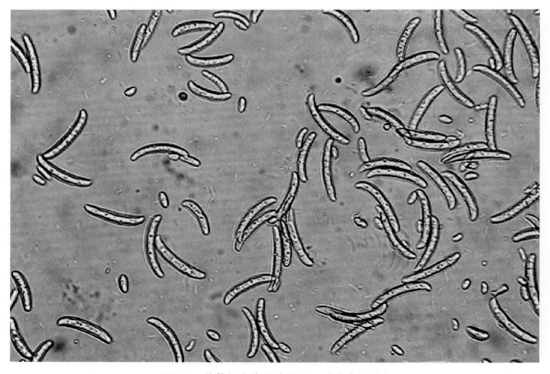

图 14　苜蓿根腐病的病原之一（腐皮镰孢）

和燕麦镰孢 3 种。

1. 尖镰孢

为害苜蓿的尖镰孢（*Fusarium oxysporium*）主要为尖镰孢苜蓿变种 [*F. oxysporium* Schlecht. ex Fr. f. sp. *medicaginis* (Weimer) Snyder & Hans]，该菌在大多数培养基上能迅速生长，培养物絮状至毡状，菌丝无色，菌落从无色到淡橙红色，甚至蓝紫色或灰蓝色，依培养基和温度而异，生长适宜温度为 25℃ 左右。产生两种类型的分生孢子，其中小孢子无色，一般无隔，卵形至椭圆形或柱形，（5~12）μm×（2~3）μm；大孢子无色，镰刀形，（25~50）μm×（4~6）μm，两端稍尖，一般有 3 隔。孢子着生于侧生的梗上或分生孢子座中。此为还产生厚垣孢子，间生或端生，一般单生或双生，大小 7~13μm。主要侵染苜蓿，人工接种时可侵染冬箭筈豌豆（*Vicia sativa*）、小冠花、春箭筈豌豆和豌豆（*Pisum sativum*）。

2. 腐皮镰孢

腐皮镰孢 [*F. solani* (Mart.) App. et Wollenw] 的分生孢子着生于子座上，近纺锤形，稍弯曲，两端圆形或钝锥形，足细胞不明显，有 3~5 个隔膜。大量存在时呈淡褐色至土黄色。分生孢子多 3 个隔膜或 5 个隔膜，其中 3 隔的分生孢子大小为（20~50）μm×（3~7）μm；5 隔的分生孢子大小为（30~68）μm×（4~7）μm。厚垣孢子顶生或间生，褐色，单生，球形或洋梨形，单孢 8μm×8μm，双孢（9~16）μm×（6~10）μm。平滑或有小瘤。侵染苜蓿、三叶草属、羽扇豆、草木樨、菜豆；人工接种也侵染豌豆。

3. 燕麦镰孢

燕麦镰孢 [*F. avenaceum* (Fr.) Sacc.] 的菌丝体白色，带洋红色，棉絮状，基质红色至深琥珀色。分生孢子着生于子座和孢子梗束上，孢子细长，镰形至近线状，弯曲较大，顶细胞较窄，稍尖，有明显足细胞，0~7 个隔膜，多数为 5 个隔膜，大小为（20~75）μm×（2~4）μm。孢子大量存在时呈橙黄色，干后变成暗红色。燕麦镰孢寄生于麦类、玉米（*Zea mays*）、高粱（*Sorghum bicolor*）等禾本科作物，引起根腐；也寄生于蚕豆、苜蓿、三叶草等豆科植物，引起根腐。人工接种豌豆、羽扇豆（*Lupinus micranthus*）、菜豆（*Phaseolus vulgaris*）、紫云英（*Astragalus sinicus*）等均能引起基腐或根腐。

此外，还有粉红镰孢（*F.roseum* LK.）和串珠镰孢（*F.monififorme* Sheld），也可引起苜蓿根腐。

三、病害发生规律

病原菌以菌丝或厚垣孢子在病株残体上或土壤中越冬。厚垣孢子在土壤中可存活 5~10 年。种子和粪肥也可带菌作为传播方式。根的含氮渗出物刺激厚垣孢子萌发和菌丝生长。病原菌可以直接侵入小根或通过伤口侵入主根，并在根组织内定殖，小根很快腐烂，主根或根颈部位病害发展较慢，腐烂常需数月至几年。各种不利于植株生长因素的影响，会加速病害发展，加重病害程度，如叶部病害、害虫取食、频繁刈割、干旱、早霜、严冬、缺肥、缺光照、土壤 pH 值偏低等。根结线虫、丝核菌和茎点霉等病原物常常伴随根腐病菌发生，使病情复杂和严重化，有时难以区分根腐病发生的真正原因或者主要原因。所以，笼统称为苜蓿综合性根腐病或颈腐病。土壤温度介于 5~30℃时，最适合此病发生，一些学者认为，干旱情况下此病的发病率反而较高。

四、病害分布及为害

该病害广泛发生于世界各地。在美国南部和西部，由苜蓿尖镰孢引起的萎蔫病是一种最严重的病害，是苜蓿草地提早衰败的原因之一。我国新疆、甘肃有发生报道，其中武威、榆中等地区发生较重。

第二节　苜蓿腐霉根腐病

一、症状及识别要点

症状：

该病的症状有种腐、苗腐、根腐和根颈腐、植物猝倒等症状。种子在出土前受到腐霉菌侵染则出现种腐，即种子的内含物变成褐色的胶质团，无法萌发胚根和子叶，或萌发出胚根和子叶后变褐、变软、水渍状腐烂。出苗后则出现猝倒，即幼苗子叶小，色暗绿，突然死亡，幼苗倒下，在幼苗发病至死亡干枯前可在下胚轴和根上观察水渍状病斑。部分幼苗发病但不死亡，挖出这些植物多可见其主根残缺，而有分叉状的不定根，是因为根受害部分腐烂后在其上段部分重新长出根。

识别要点：

播种的种子未见出苗，或出苗后突然死亡，幼苗倒下而不直立（因为发病时间多在幼苗茎未木质化之前，在茎部木质化之后发生的幼苗死亡通常由立枯丝核菌所致，称为立枯病）。

二、病原物与寄主范围

据报道有 10 种以上的腐霉菌在各地引起苜蓿幼苗根腐病和猝倒病。苜蓿病苗上最普遍的分离物有终极腐霉（*Pythium ultimum* Trow.）、畸雌腐霉（*P. irregulare* Buisman）、华丽腐霉（*P. splendens* H. Braun）。发生在苜蓿上的其他菌种还有喙腐霉（*P. rostratum* E. J. Butler）、群结腐霉（*P. myriotylum* Drechs.）、绚丽腐霉（*P. pulchrum* Minden）、宽雄腐霉（*P. dissotocum* Drechs.）、瓜果腐霉 [*P. aphanidermatum* (Edson) Fitzp.]、侧雄腐

霉（*P. paroecandrum* Drechs.）、钟器腐霉（*P. vexans* de Bary）和堇菜腐霉（*P. violae* Chesters & C. J. Hickman）等。被普遍报道于苜蓿幼苗上的德氏腐霉（*P. debaryanum* Hesse），它的原始描述并不准确，而且名字被错误地应用到间型腐霉（*P. intermedium* de Bary）、终极腐霉等几个普遍能分离出的腐霉菌上。

低温气候型腐霉的孢子囊是球形的，萌发在一个孢囊内形成游动孢子，或直接产生芽管。藏卵器端生或间生，除畸雌腐霉的藏卵器有刺以外，其余几种是光滑的。每个藏卵器通常有 1~5 个雄器，藏卵器自藏卵器柄或其他菌丝上生成。卵孢子萌发产生芽管，长成菌丝或孢子囊。群结腐霉和瓜果腐霉孢子囊有浅裂，每个藏卵器有 6 个以上的雄器。腐霉菌在培养基上长出白色绒毛状的菌丝，2 天之内菌落达到培养皿的边缘。

腐霉寄主范围很广，可寄生多种植物，引起植物猝倒、苗腐、根腐和根颈腐等病害和储藏期种子、果蔬等的腐烂，该病害在国内外报道中均能造成较大的损失。

三、病害发生规律

腐霉菌是土壤习居菌，以卵孢子或孢子囊的形式存在于作物的残余物中，也能以病原物或腐生菌定殖于其他作物和杂草上。土壤湿度过高或低温，多数情况不利于幼苗的迅速生长，反而有利于病害的发展。高湿的土壤为游动孢子的移动提供了水膜，也降低了寄主的活力，这样增加了刺激孢子萌发的寄主渗出物扩散及有效性。出苗前接近16℃，出苗后 24~28℃，对幼苗猝倒病的发生和发展最为适宜。侵染体以游动孢子、直接萌发的孢子囊、卵孢子和菌丝体的方式存在。孢子囊和卵孢子也可萌发形成孢囊，孢囊内形成游动孢子。侵入时通常在寄主表面形成附着胞和侵入钉。在控制条件下，沙培或土培，5 天后多数苜蓿苗能抗猝倒病，但吸收根可以在任何阶段受到侵染。

四、病害分布及为害

腐霉在世界各地广泛分布，引起多种农作物苗期病害。在潮湿土地上种植苜蓿，病害可导致大量缺苗。较老植株的须根也会受到病原菌的侵染继而发病。在温室感病土壤或试验小区中，种植苜蓿过密，该病害即能毁掉大部分幼苗。

第三节　苜蓿疫霉根腐病

一、症状及识别要点

症状：

在低温又过湿的土壤条件下，常有像腐霉引起的幼苗猝倒症状。较大的感病植株呈枯萎症状，尤其是植株下部的叶片变黄至红褐色。病株刈割后再生缓慢。主根上有边缘放射状病斑，黄褐色至褐色，通常发病始于侧根。变黄的组织由皮层向木质部扩展，这是一个重要鉴别特征。病斑主要分布在地表至25cm深土层之间的主根上，在10~18cm左右深处最多，在其他深度的根部亦可发生。因耕作被压紧或通透性差的底土层，由于排水不良更易发病，导致腐烂。如果耕作条件改善、不利于发病时，牧草可再生出新的侧根。

识别要点：

苗期至成株期均可发病，苗期发病症状与腐霉根腐病相似，但无水渍状腐烂，成株期根部最先从侧根发病，扩展至主根，由皮层再扩展至中柱，病斑黄褐色，边缘呈放射状。

二、病原物与寄主范围

大子（精）疫霉（*Phytophthora megasperma* Drechs. f. sp. *medicaginis* Kuan. & Erwin.），曾定名为隐地疫霉（*P. cryptogea* Pethybridge & Lafferty）。菌丝无隔，直径7~8μm，孢囊梗直接来源于菌丝，不分枝，粗3~6μm，有时在孢子囊基部的梗加粗。孢子囊无色至淡黄色，孢子囊椭圆形，罕见卵形，有时中部缢缩，（34~66）μm×（17~36）μm，平均46μm×28μm，长宽比值为1.4~2.2，平均1.66，顶部平展，无乳突，排孢孔宽10~17μm，不脱落，内部层出3~6次。菌丝可产生间生不规则膨大，但不常见厚垣孢子。孢子囊在水中可释放出双鞭毛游动孢子，游动孢子肾形，（10~14）μm×（8~10）μm，鞭毛长21~34μm；也可直接萌发产生芽管，并形成更多菌丝进行侵染，休眠孢子球形，直径8~15μm。藏卵器球形，壁薄，褐色，21~32μm，柄棍棒状或圆锥状；雄器球形或圆筒形，围生，（10~15）μm×（8~18）μm，具1~2个细胞。卵孢子球形，直径17~29μm（平均21.8μm），壁薄，平滑，不满器。该菌不能利用淀粉，或淀粉利用能力极弱，生长适宜温度为24~27℃，最高温度为30~33℃。

该病害可侵染苜蓿、南苜蓿（*M. polymorpha*）、黄花苜蓿（*M. falcata*）等植物。

三、病害发生规律

病原菌借助卵孢子和菌丝体越冬。菌丝体在5~30℃时，能够在土壤中存活半年以上，卵孢子在25℃土壤中可存活超过3年。土壤干燥加速病原菌死亡，适合病原菌侵染的土壤均温为24~27℃，但夏季土壤温度太高也不利于发病。由于病原物侵染时需要液态水环境，土壤高湿条件有利于病原菌孢子囊的萌发和侵染，尤其是土壤淹水使得植物根系氨基酸和糖分分泌量上升，增加了对游动孢子的吸引；土壤淹水也使得根系皮层胀裂，伤口增多，加大了侵染概率，所以该病害在高湿土壤中发病严重。灌溉和地表径流甚至雨水飞溅，均能够携带游动孢子，在田间或自然状态下传播病害。

四、病害分布及为害

世界大多数苜蓿种植区均有发生，特别在进行漫灌，或降水量大的地区发生更为严重，因过多的土壤水分对病害发生有利。在加拿大、美国、澳大利亚的一些地区，是苜蓿的毁灭性病害之一。目前该病害在中国尚无报道，是我国第 247 号进境植物检疫性有害生物。

第四节 苜蓿丝核菌根腐病

一、症状及识别要点

症状：

症状有：幼苗腐烂甚至死亡，成株期根溃疡、芽腐、根颈腐烂、茎基腐、茎和叶的枯萎等症状。幼苗的茎基部和根变为褐色，严重时倒伏、死亡。根部被侵染后，形成椭圆形、凹陷的溃疡斑，黄褐色至褐色，病斑边缘的颜色较深。冬季病原菌不再活跃生长时，愈合的病斑变黑。若病斑环绕根一周，植株将死亡；若病斑未能环绕根一周，新根将在秋天长出，并维持植株生长直到次年。根部的溃疡斑往往发生在侧根生出的地方，根颈被侵染后，褐色病斑首先出现在颈芽和新抽生幼枝基部，造成芽和新枝死亡，并阻碍新芽再生，根颈本身也会腐烂。叶和茎受到侵染后，出现灰色并带褐色边缘的病斑，形状不规则，病组织很快呈水渍状，数日内蔓延到许多附近植株上。病叶死亡后常因菌丝体粘结而贴附在附近的枝茎和叶片上，这是本病的一个重要特征，死亡组织呈深褐色至黑色。茎秆被病斑环绕而死亡，表现与炭疽病相似，但丝核菌病斑没有蓝黑色及由分生孢子盘产生的刚毛。

识别要点：

苗期死亡，死亡后多不倒下，直立在田间，未死亡前不见根部变色腐烂，茎基部常变色。成株期根部病斑最先出现在侧根基部，凹陷，黄褐色至黑褐色，病斑愈合后呈黑色，该病不仅为害根部，还可侵染新芽、茎基部和叶片，受害部分有水渍状病斑，叶片发病死亡干枯后呈黑色，不脱落挂在植株上。

二、病原物与寄主范围

该病害由立枯丝核菌（*Rhizoctonia solani* Kuhn）引起。该病原菌有性阶段为瓜亡革菌 [*Thanatephorus cucumeris* (Frank) Donk]，异名：丝核薄膜革菌 [*Pellicularia filamentosa* (Pat.) Rogers]。菌丝最初为白色，后变为褐色，直径 6~10μm，典型特征是在菌丝分枝处上方形成隔膜，分枝菌丝的基部略有缢缩。菌丝缠绕压缩形成不规则形的菌核，直径 1~3mm，褐色至黑色，偶尔在感病植株上看到。病原菌的担子阶段可在装有土壤的培养皿中培养产生，在自然条件下对病害发生并不重要。担子倒卵形或棍棒状，（12~18）μm×（8~12）μm，上生 4~6 个担孢子梗，长 6~12μm，担孢子单胞，椭圆形至长椭圆形，基部稍细，无色，（7~12）μm×（4~8）μm。只有确定的菌株才在土壤中引起苜蓿的根溃疡症，但对苜蓿不是专化性。病原菌生长的温度为 6~30℃，最适温度 24~30℃，35℃即停止生长。

各生理小种有不同的寄主范围，此菌能严重为害各种苜蓿、三叶草、羽扇豆、沙打旺（*Astragalus adsurgens*）、红豆草（*Onobrychis viciaefolia*）等豆科牧草。

三、病害发生规律

病原菌以菌核或菌丝的方式在土壤或病株残体内存活越冬。丝核菌是土壤习居菌，当没有寄主存在时，能以腐生状态在土壤中存活。菌核萌发产生菌丝，在寄主表面形成一个附着胞，通过侵入钉直接侵入植物。菌丝在寄主细胞内和细胞间隙生长，产生果胶溶解酶分解寄主组织。通常病原菌通过生出侧根时形成的自然伤口侵入主根。根溃疡只发生在高温的土壤里。土壤含水量在 70%~80% 时易发病，在有灌溉条件的荒漠地区，此菌主要使植株发生根溃疡症状。在降水多、空气湿度大并且气候炎热的地区，主要发生茎枯和叶枯症状。

立枯丝核菌寄主范围极广，侵染许多植物，但有生理分化现象。

四、病害分布及为害

该病害分布很广，几乎所有苜蓿种植区均有发生，在比较湿热的地区，为害尤其严重。美国、澳大利亚和伊朗多有报道。我国在台湾省、吉林、甘肃和新疆等省自治区也有发生。

第四章

为害茎叶的病害

　　苜蓿茎叶病害能够为害草地农业生态系统中 4 个生产层中的至少 3 个生产层。对于植物生产层，即苜蓿自身，生产性能降低，品质下降，各种叶部病害病害在苜蓿上造成的产量损失在 15%~70%，干草减产 25%，种子减产 10%；对于动物生产层，发生茎叶病害的苜蓿雌性激素类物质增加，影响母畜的繁殖，导致母畜空怀或流产；对于外生物生产层，由于发生病害的苜蓿品质降低，影响适口性。同时，病害相关微生物影响苜蓿的加工和储藏，降低苜蓿的饲用价值和生产价值。

苜蓿茎叶部病害检索表

1	未出现叶斑 ·························	正常植株
	出现叶斑 ····································	2
2	叶片褪色，叶色变浅 ····························	3
	褐色病斑 ····································	8
	叶片枯黄 ····························	参照整株症状判断
	叶片发黑色 ····································	12
3	叶片斑驳 ····································	4
	褪绿小点 ····································	6
	叶片上有霉层 ····································	7
4	植株矮化，枝条细弱 ·········· 苜蓿细菌性凋萎病 *Clavibacter michiganensis*	
	叶片扭曲，黄绿相间 ·········· 苜蓿病毒病 *alfalfa mosaic virus*	
	小叶淡黄色，叶片水渍状 ····································	5
5	茎部变褐，茎秆、根茎内有鼠粪状菌核 ·········· 苜蓿菌核病 *Sclerotinia*	
	病斑出现在茎下段，黄色至黑色，后期发亮，如胶水变干一样 ·········· 苜蓿细菌性茎疫病 *Pseudomonas syringae*	
6	逐渐变为褪绿条斑，最后变为淡黄至淡橙色大斑 ·········· 苜蓿黄斑病 *Leptotrochila medicaginis*	

7 白色粉末状霉层，后期扩大汇合，中间出现淡黄至黑色小点
　　············· 苜蓿白粉病 *Leveillula leguminosarum* 和 *Erysphe pist*
　　叶背灰白色霉层，叶片不规则褪绿，小叶黄绿色，叶缘向下卷曲
　　·· 苜蓿霜霉病 *Peronospora*
　　叶片两面粉色霉层，病斑有明显褐色边缘，后期出现黑色小颗粒
　　····························· 苜蓿柱格孢叶斑病 *Ramularia medicaginis*

8 有突起，轻轻触摸有棕褐色粉末 ········· 苜蓿锈病 *Uromyces striatus*
　　无突起 ··· 9

9 病斑不汇合 ·· 10
　　病斑汇合后形状不规则 ·· 11

10 病斑小，密布整个叶片，后期病斑有盘状物，叶片提前脱落
　　····························· 苜蓿褐斑病 *Pseudopeziza medicaginis*
　　中等大小病斑，边缘不规则，中心银灰色 ··· 苜蓿尾孢叶斑病 *Cercospora medicaginis*
　　中等大小病斑，形成 3~4 层轮纹状 ······ 苜蓿壳针孢叶斑病 *Septoria medicaginis*
　　中到大型病斑，边缘扩散状，具暗褐色环带，病斑常位于叶片边缘
　　····························· 苜蓿匍柄霉叶斑病 *Stemphyllium*

11 叶部病斑有年轮状，茎下部大面积变黑、开裂
　　····························· 苜蓿茎点霉叶斑与黑茎病 *Phoma medicaginis*
　　病斑扩大为眼状，边缘褐色，病斑中央灰白
　　····························· 苜蓿小光壳叶斑病 *Leptosphaerulina briosiana*
　　初期长圆形病斑，中部黄白色，有黑褐色小点，茎部有相似病斑
　　····························· 苜蓿壳多孢叶斑病 *Stagonospora medicaginis*

12 叶片发病死亡干枯后呈黑色，有水渍状，不脱落挂在植株上
　　····························· 苜蓿丝核菌根腐病 *Rhizoctonia solani*

第一节　苜蓿霜霉病

一、症状及识别要点

症状：

该病的症状分为系统型症状和局部型症状两种类型，其中系统型症状指全株的茎叶均发病，茎节缩短，植株矮化，叶片褪绿、扭曲、畸形，发病重的植株发育不良，多不能开花，因病菌在茎基部越冬，故于返青后即可表现此类症状，在田间零星分布（图15）；局部型症状指植株上仅有部分叶片发病，常首先发生于幼嫩叶片上，初期在叶片背面和正面均出现不规则的褪绿斑，病斑无明显边缘，占据大部分叶面甚至整个叶面，叶片变为黄绿色，叶缘向下方卷曲成团，最后干枯变褐（图16，图17），有时病斑仅局限在叶片边缘，长半圆形（图18），发病轻者，落花、落荚，发病重者不开花，甚至枝条枯死，此症状类型为返青结束后至枯黄期的主要症状，发病植株在田间分布普遍。在

两种类型的症状中，叶片背面出现灰白色、灰色、淡紫色的霉层，而叶片正面无霉层，潮湿时易产生霉层（图 19），即病原菌的孢囊梗和孢子囊（图 20）。

识别要点：

返青或刈割后生长出的植株上所有叶片泛黄，部分叶片的基部变黄而其余部分绿色，比其他植株明显矮小，后叶片卷曲、干枯，叶片背面有白色霉层。在其他苜蓿生长阶段，植株上零星叶片背面有白色霉层，叶片正面褪绿、变黄，出现病斑，但绝无霉层。

二、病原物与寄主范围

该病的病原为夏季霜霉菌（*Peronospora aestivalis* Syd.），异名：三叶草霜霉菌（*P. trifoliorum* de Bary）和三叶草霜霉菌苜蓿专化型（*P. trifoliorum* de Bary f. sp. *medicaginis* de Bary）。孢子囊单或丛生，淡褐色，自气孔伸出，（128~424）μm×（6~12）μm，平均 238μm×9μm；主干直立，基部膨大，72~288μm，平均 149μm；上部二叉状分枝 4~8 次，呈锐角或直角，末枝直，呈圆锥状，少弯曲，渐尖，3~20μm；孢子囊淡褐色至褐色，长椭圆形、长卵形或球形，（16~30）μm×（16~22）μm，平均 25μm×19μm。藏卵器壁厚、光滑，近球形，黄褐色，36~44μm；卵孢子壁厚、多光滑，球形，黄褐色，24~34μm，多发现于枯死后的叶片组织内。

图 15 苜蓿霜霉病症状（系统性发病类型）

图 16　苜蓿霜霉病症状（局部型发病）

图 17　苜蓿霜霉病在叶片背面的症状

图 18　苜蓿霜霉病在植株上发生特点

图 19　苜蓿霜霉病在叶片背面的霉层特点

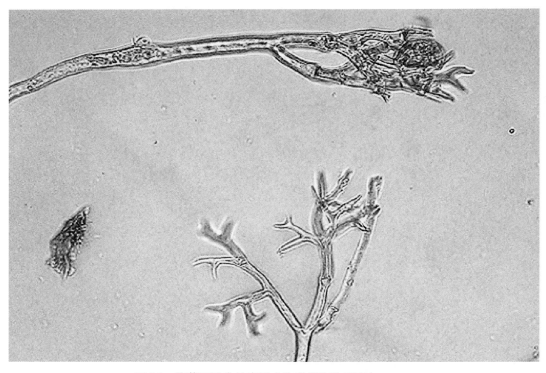

图 20　苜蓿霜霉病的病原（孢囊梗和孢子囊）

该病原物寄生于苜蓿、黄花苜蓿、南苜蓿、镰荚苜蓿（*M. falcata*）、天蓝苜蓿（*M. lupulina*)等苜蓿属植物上。

三、病害发生规律

夏季霜霉菌孢子囊萌发的适宜温度为 15~21℃，最适温度为 18℃；孢子囊在相对湿度 100% 时的萌发率为 52%，相对湿度低于 95% 时不能萌发；孢子囊萌发的适宜 pH 值为 6.15~7.69，最适 pH 值为 6.91。苜蓿叶片汁液对孢子囊的萌发有较强的促进作用。病原菌以菌丝体在系统侵染的病株地下器官或以卵孢子在病株体内越冬，次年春天产生孢子囊对萌发的新株进行侵染。卵孢子混入种子，可远距离传播。田间孢子囊随风、雨水传播，条件有利时，5 天即可形成一次侵染循环。一般有两个发病高峰期，分别在春、秋的冷凉季节，而在夏季炎热条件下，发病有减轻的趋势。该病多发生于温凉潮湿、雨、雾、结露的气候条件下。在甘肃夏河桑科草原苜蓿品种适应性评价试验中，尽管海拔为 3 000m 的高寒条件，但发病率仍然很高，容易造成病害大发生。在新疆阿勒泰荒漠、半荒漠气候区的灌溉条件下，尽管极端干旱，也存在病害大流行的潜在条件。在草层过密或阴凉潮湿的草地上可造成较大损失。

四、病害分布及为害

苜蓿霜霉病广泛分布于我国从绿洲到草原的不同海拔地区的苜蓿种植区，在甘肃、宁夏、陕西、青海、内蒙古、新疆、黑龙江、吉林、辽宁、河北、山西、江苏、浙江、四川、云南、广东等地均有发生。新疆阿勒泰地区，头茬苜蓿发病率近乎 100%，福海县二龄苜蓿田病害平均病情指数接近 40；与健株相比，每株鲜重降低近 50%，生殖枝数降低约 60%。叶片鲜重随严重程度的增加而降低。该病害可明显降低粗蛋白、粗脂肪，增加粗纤维含量。甘肃庆阳苜蓿的平均发病率超过 60%，病情指数为 20~45；武威地区的苜蓿发病率也达到 50%，草产量减少 36%~58%，病株的生殖枝数及其花数分别为健株的 40% 和 60%。与健株相比，感病植株幼苗高度降低 40%~50%，根鲜重减少 75%，根瘤数量减少 54%。即使在海拔 3 000m 的祁连山和夏河桑科等高山草原条件下，霜霉病为害也相当严重，表现出霜霉菌对不同海拔地区的适应性。

第二节　苜蓿锈病

一、症状及识别要点

症状：

该病可侵染叶片正面、叶片背面、叶柄、茎秆等部位。发病初期在侵染部位出现褪绿的小斑点（图 21），小斑点继而隆起成为圆形疱状斑夏孢子堆，覆盖疱斑的表皮破裂后，露出黄褐色粉末（图 22，图 23），用手轻轻触摸，会有砖红色至黄褐色粉末状夏孢子粘在手上，粉末物为其夏孢子，夏孢子在显微镜下为红褐色，圆形（图 24）。在发病后期，多于叶背和茎上的夏孢子堆之间产生暗褐色的疱斑状冬孢子堆。病叶片在干热时易萎蔫皱缩，严重的提前干枯脱落。

识别要点：

叶片背面和正面均有凸起的疱，破裂后产生红褐色的粉末。

二、病原物与寄主范围

条纹单胞锈菌（*Uromyces striatus* Schroet.）或称条纹单胞锈菌苜蓿变种 [*Uromyces stratus* var. *medicaginis* (Pass.) Arth.]。夏孢子单胞，球形至宽椭圆形，黄褐色，壁上有均匀的小刺，2~5 个芽孔，大小（15~30）μm×（15~25）μm，壁厚 1~2μm。冬孢子单胞，宽椭圆形、卵形或近球形，淡褐色至褐色，壁厚 1.5~2μm，外表有长短不一纵向隆起的条纹，芽孔顶生，外有透明的乳突，柄短，无色，多脱落，大小（15~29）μm×（12~25）μm。大戟属植物上的性孢子单胞，无色，椭圆形，（2~3）μm×（1~2）μm。锈孢子球形至宽椭圆形，壁上有明显的疣状物，内含物黄橙色，芽孔明显，大小（14~30）μm×（11~20）μm。

该病原菌除侵染苜蓿外，还侵染镰荚苜蓿、南苜蓿、天蓝苜蓿、小苜蓿（*M. minima*）、杂花苜蓿（*M. media*）、蓝花苜蓿（*M. coerulea*）、胶质苜蓿（*M. glutinosa*）、平卧苜蓿（*M. prostrata*）、蒺藜状苜蓿（*M. truncatula*）、皱纹苜蓿（*M. rugosa*）、皿形苜蓿（*M. scutellata*）、布朗其苜蓿（*M. blancheana*）等苜蓿属植物。曾有报道，认为此菌的不同小种也侵染白三叶（*Trifolium repens*）、兔足三叶（*T. arvense*）、田三叶（*T. agrarium*）、奇源三叶（*T. dubium*）、田野三叶（*T. campestre*）、鹰嘴豆（*Cicer arietinum*），我国扁蓿豆（*Melilotoides ruthenica*）上也发现过此菌寄生。转主寄主主要有乳浆大戟（*Euphorbia esula*）、南欧大戟（*E. peplus*），以及 *E. gerardiana* 和 *E. virgata* 等大戟属植物。

三、病害发生规律

苜蓿锈病借冬孢子在感病植株残体上越冬，也可借潜伏侵染的乳浆大戟（转主寄主）等植物地下器官内的菌丝体越冬，在冬季较温暖地区的夏孢子也能越冬。有报道认为在美国，苜蓿锈病是以夏孢子在温暖的南部地区越冬，春暖之后孢子随风向北方传播，因此在美国中、北部地区 7 月中旬以前，很少看到苜蓿锈病。在我国中部、北部地区，苜蓿锈病发生的菌源除部分来自南方温暖地区的夏孢子以外，当地越冬菌源的作用亦不容忽视。如内蒙古呼和浩特地区，在苜蓿田内及附近常可见到许多遭受侵染的乳浆

图 21　苜蓿锈病在叶片背面发病后期症状（示黑褐色小点，白色者为白粉病）

图 22　苜蓿锈病在叶片背面发病后期症状（示分散的小点）

图 23　苜蓿锈病在叶片背面发病后期症状特写

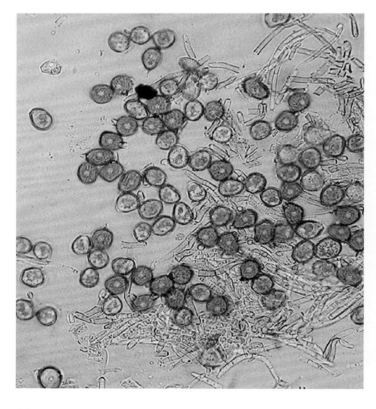

图 24　苜蓿锈病的病原（夏孢子，白色线状物为苜蓿尾孢菌的分生孢子）

大戟，于 5 月中、下旬产生孢子器和锈孢子，侵染附近的苜蓿植株，6 月上旬苜蓿锈病便开始发生。我国北方广大地区 7 月以前天气多干旱，不利于锈病的流行，所以病害流行期也多从 7 月中、下旬之后开始，至 9 月底或 10 月初结束。生长季节，该病以夏孢子进行多次再侵染，造成田间病害流行。夏孢子萌发和侵入的适宜温度为 15~25℃，最低温度 2℃，超过 30℃虽能萌发，但出现畸形芽管，到 35℃夏孢子便不能萌发。夏孢子萌发要求相对湿度不低于 98%，以水膜内的发芽率最高。在北方较干旱的地区，只有在雨季来临的 7—8 月，才能满足夏孢子萌发侵染的湿度条件。在灌水频繁或灌水量过大的地区，也可人为制造出有利于锈菌夏孢子萌发的田间湿度条件，苜蓿锈病随之严重发生。施氮肥过量，草层稠密和倒伏，利用过迟或不刈割均可使此病害加重。

四、病害分布及为害

苜蓿锈病是世界上苜蓿种植区普遍发生的病害，以南非、苏丹、埃及、以色列和土库曼斯坦等国家和地区的苜蓿受害最为严重。我国吉林、辽宁、内蒙古、河北、北京、山西、陕西、宁夏、甘肃、新疆、山东、江苏、河南、湖北、贵州、云南、四川和台湾等地均有发生。有些地区苜蓿锈病发生严重，如内蒙古、山西、陕西、宁夏、甘肃、新疆等省区。苜蓿发生锈病后，光合作用下降，呼吸强度上升，并且由于孢子堆破裂而破坏了植物表皮，使水分蒸腾强度显著上升，干热时容易萎蔫，叶片皱缩，提前干枯脱落。病害严重时干草减产 60%，种子减产 50%，瘪籽率高达 50%~70%。病株可溶性糖类含量下降，总氮量减少 30%。有报道，感染锈病的苜蓿植株含有毒素，影响适口性，易使家畜中毒。

第三节 苜蓿褐斑病

一、症状及识别要点

症状：

此病可发生在整个生长季节，主要发生在叶片上。苜蓿发病初期叶片表面会出现小点状浅色褪绿斑（图 25），边缘细齿状，直径 0.5~2.5mm，互相间多不汇合（图 26）；发病后期，病斑逐渐扩大，多呈圆形，直径大小一般为 0.5~4mm，病斑上有褐色的盘状增厚物（图 27）（子囊盘）。当病斑上出现一层白色蜡质时（图 28），说明子囊盘已成熟。在感病严重的植株上病斑常能密布整个叶片，导致叶片变黄，提前脱落。茎部病斑为长形，黑褐色，边缘完整。病斑生叶和茎上，病斑褐色至深褐色，近圆形，稍稍隆起，后期病斑扩大，突起的子囊盘张开。在病斑处纵切制作切片可观察到棍棒状的子囊、子囊之间丝状的侧丝和子囊内卵圆形的子囊孢子（图 29）。

图 25　苜蓿褐斑病发病初期症状

图 26　苜蓿褐斑病在植株上的分布特征

图 27　苜蓿褐斑病后期典型症状

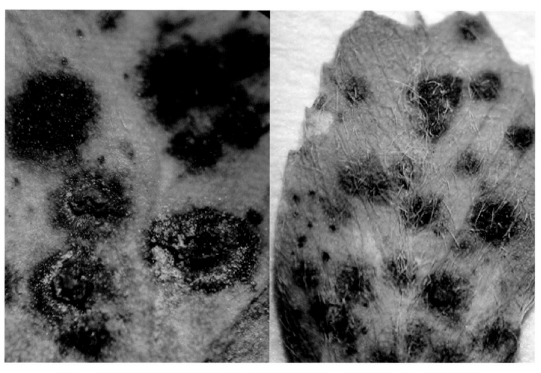

图 28　苜蓿褐斑病发病后期病斑中心凸起开裂（左：叶片正面，右：叶片背面）

图 29   苜蓿褐斑病的病原（左：子囊壳中大量的子囊，右：子囊和子囊孢子）

识别要点：

病斑在叶片上分布均匀，且病斑不相连，后期病斑开裂，有白色蜡层。

二、病原物与寄主范围

该病害由子囊菌亚门、假盘菌属的苜蓿假盘菌 [*Pseudopeziza medicaginis* (Lib) Sacc.] 引起，异名：三叶草假盘菌 [*P. trifolii* (Biv. Bern. ex Fr.)、Fuckel f. sp. *medicaginis-sativae* Schmiedeknecht]。苜蓿假盘菌的子座和子囊盘生于叶片上表面（三叶草假盘菌的子囊盘着生于叶两面，该菌其他特征相似于苜蓿假盘菌），初期埋生于表皮下，散生或聚生，成熟后突破表皮裸露。子囊盘碟状，浅黄褐色，无柄，大小为 350~650μm。子囊棒状或披针状，无色透明，（90~130）μm×（10~20）μm。子囊内有 8 个子囊孢子，排成 1~2 列，子囊孢子单孢，无色透明，椭圆形，内含 1~2 个油球，大小为 10μm×20μm，子囊之间有多条无色侧丝，不分隔，稍长于子囊，顶端略膨大，（80~106）μm×（2~4）μm。此菌在人工培养基上生长较慢，在燕麦粉琼脂培养基上 20℃和黑暗条件下，需培养约 21 天可产生子实体。

国外报道此病原菌除侵染苜蓿（*Medicago sativa*）外，还可侵染天蓝苜蓿（*M. lupulina*）、镰荚苜蓿、杂花苜蓿（*M. media*）、蒺藜状苜蓿等。在我国小苜蓿、南苜蓿、大花苜蓿（*M. trautveteri*）和小花苜蓿（*M. rivularis*）也受此菌侵染。此外还有该菌侵染白花草木樨（*Melilotus alba*）、红豆草、香葫芦巴（*Trigonella foenum-graecum*）、蓝花葫芦巴（*T. coerulea*）和箭笒豌豆等的报道。

三、病害发生规律

1. 侵染来源

病原菌以菌丝体或子囊盘的方式在病株残体上越冬，也可在收种后夹杂于种子间的残体上越冬，成为田间初侵染来源，次年侵入新生枝叶。另外，病株的残体和病株上的假盘菌很容易落到土壤表面或埋入土壤中，因此，土壤也就成为该病原菌越冬或越夏的另一个场所。当条件适宜时，病原菌及休眠的菌丝体萌发后也可成为田间的初侵染源。若土壤的温度和湿度较低，病原菌可在土壤中存活较长时间，在高温高湿的土壤中，病原菌则死亡很快。

2. 传播途径

子囊孢子借助风力、雨水、昆虫或人为传播。其中风力、雨水是最主要的传播方式。如在适宜的环境下，子囊盘成熟后，1 小时即可释放约 6 000 个子囊孢子，子囊孢子小而轻，数量大，以弹射的方式释放到植株外 1~2cm 的空中，而后通过气流传播到健株上。

3. 侵入与发病

子囊孢子落在植物表面后，在适宜条件下可萌发形成芽管。通过自然孔口（如：气孔、水孔、皮孔等）、伤口或直接穿透表皮侵入。典型的侵染过程为：孢子萌发产生芽管，芽管顶端与寄主表面接触后形成膨大的附着胞，附着胞分泌黏液，将芽管黏附在寄主表面，然后由附着胞上产生较细的侵染丝，继而直接穿透表皮角质层和表皮层进入寄主体内。无论是由孔口、伤口或直接侵入的，芽管都可能产生附着胞，只是由伤口侵入的很少产生。芽管可由伤口直接进入植株内。直接穿透侵入时，病原菌可凭借机械压力穿过角质层，借酶的分解作用进入表皮细胞壁。角质层越薄或缺乏角质层，病原菌越容易侵入。侵染丝进入寄主体内后，孢子和芽管内的原生质就向侵染丝内运输，并发育成菌丝体。侵染一段时间后，假盘菌在寄主体内滋生蔓延，致使寄主的新陈代谢紊乱或失调，组织死亡或崩解，最终引起寄主形态结构发生变化，使寄主发病部位产生病斑。

4. 发生条件

环境因素、人为因素和病原菌自身因素等都会影响病害传播，但是其中以环境因素最为重要。环境因素主要包括温度和湿度。

在一定范围内，湿度影响孢子能否萌发和侵入，温度影响孢子的萌发和侵入速度。子囊孢子的萌发和侵入需要持续 3~4 天高湿条件才能完成。孢子的发育和成熟则在 16~18℃和相对湿度为 78%~97% 的条件下完成。子囊孢子在 6~25℃下都可以萌发，但最适萌发温度为 15~20℃，温度在 2℃以下和 30℃以上不适宜孢子萌发，当温度高达 35℃时子囊孢子不能萌发。田间调查发现，当相对湿度达 58%~75%、日均温在

14~30℃，旬均温在 10~15℃时，此病可以在几天之内暴发成灾。当苜蓿植株被假盘菌侵染后，如果环境温度维持在 15~25℃，6 天后侵入的假盘菌就能发展为肉眼可见的病斑；如果温度仅为 2.5~5℃，25 天后才能出现较小的肉眼可见的病斑。

在一定条件下，湿度比温度对病害的发生影响更大。假盘菌的子囊盘在液态水中可维持 16~20 小时，即使在 97%~99% 的相对湿度下也可维持 24 小时以上，其子囊孢子才连续放射。降水结露促进苜蓿褐斑病的发生，潮湿温暖的气候有利于此病流行，大量灌水会促使病害严重发生，而在干旱且无灌溉条件的地方，此病的发生就较轻。因此我国许多苜蓿种植区褐斑病在春季和秋季往往发生严重，尤其是秋季发生更加严重。

假盘菌的数量和寄主也会影响病害的严重度。一般来说，假盘菌的侵入量大，繁殖较快，才更容易突破寄主的防御。如将子囊孢子稀释成浓度为（2~10）×10^5 个 /mL 的悬浮液，然后将离体叶片完全浸入此悬浮液 5 秒后取出培养，就可以获得较好的接种效果。若寄主不同，其潜育期长短也有差异。同一种寄主植物处于不同的生育期或生理状态下，其潜育期的长短也不相同。例如，叶片越老感病性越高，潜育期越短；幼叶则潜育期较长。

pH 值、光照在一定程度也会影响病害的发生。比如苜蓿假盘菌的子囊孢子在酸性条件下适宜萌发。pH 值为 2~10 时均可萌发，pH 值为 5~6 时的孢子萌发率最高。光照影响着植物气孔的开闭，间接地影响病原菌的侵入。

苜蓿窄行种植地区发病严重，刈割后期病害发生严重，缺钼、硼、锰、铜、钾等元素的地区发病严重。

四、病害分布及为害

褐斑病是苜蓿最常见的、破坏性最大的叶部病害之一。自 1890 年 Wendy 在澳大利亚首次从苜蓿上发现之后，南非、波兰、保加利亚、叙利亚、德国、阿根廷、美国、加拿大、日本、新西兰、塞尔维亚、俄罗斯、英国等国均出现该病害的发生报道，几乎遍布全世界所有苜蓿种植区。我国自 1956 年首次报道苜蓿褐斑病在南京发生之后，有 18 个省区相继报道发生。目前，甘肃中部山区，如榆中北山、静宁、会宁等地，以及吉林公主岭、黑龙江齐齐哈尔、河北廊坊、内蒙古阿鲁科尔沁旗等地发生较为严重。褐斑病原菌对地理、气候等生态条件广泛适应，只要具备满足孢子萌发的条件，即可侵染并造成流行。条件适宜时叶片发病率高达 72% 以上，甚至使茎下部叶片全部脱落。苜蓿褐斑病虽然不致使全株死亡，但对植株生活力有很大影响，不仅造成牧草种子和干草产量损失，并且严重影响牧草营养成分。苜蓿褐斑病发生严重时，种子减产达 50%，干草可减产 40%~60%，粗蛋白含量下降 16% 左右，消化率下降 14%。同时也导致苜蓿香豆素等类黄酮物质含量急剧增加，常导致家畜采食后流产、不育等疾病，繁殖力下降显著。

第四节　苜蓿白粉病

一、症状及识别要点

症状：

苜蓿白粉病主要发生在苜蓿叶片正反两面，也可侵染茎、叶柄及荚果。被侵染叶片出现褪绿症状，病斑较小，圆形。发病中期病斑上出现一层丝状、絮状的白色霉层，为其菌丝体、分生孢子和分生孢子梗（图37），继而在白色霉层中出现黄色、褐色和黑色颗粒物，为其闭囊壳（图31，图36）。发病后期病斑逐渐扩大，相互汇合，最后覆盖全部叶片（图30，图31，图32），叶片发黄、枯死，发病植株下部叶片症状一般重于上部叶片。

两种白粉菌在叶片上的分布与霉层有所不同，其中豆科内丝白粉菌的霉层主要在叶片背面，当病斑覆盖大部分至整叶时，霉层呈增厚的绒毡状（图32，图33，图35），闭囊壳埋生于毡状霉层内（图35），而豌豆白粉菌主要在叶片正面，霉层较稀疏，闭囊壳表生于菌丝体上（图30，图31，图34）。豆科内丝白粉菌因主要出现在叶片背面，且霉层白色，容易与苜蓿霜霉病混淆，应注意。该病在与叶片背面霉层相对应的叶片正面不出现霉层，仅褪绿变褐（图35，右）。

识别要点：

叶片上有白色丝状物和白色粉末状物质，后期粉末状物中散生黄色、褐色或黑色的颗粒状物。

二、病原物与寄主范围

导致苜蓿白粉病的病原菌主要有以下两种：

1. 豆科内丝白粉菌（*Leveillula leguminosarum* Golov.）

该菌的菌丝体初寄生于寄主组织内，生于叶的两面和茎上，叶背较多，存留，展生，形成絮状或毡状斑块。即将形成子实体时菌丝由气孔伸出，形成大量气生菌丝和分生孢子梗，产生分生孢子。分生孢子大多数单个着生于分生孢子梗上，极少串生。初生分生孢子单孢，无色，窄卵形至披针形，顶渐尖。次生分生孢子长椭圆形，大小（40~80）μm×（12~18）μm；闭囊壳埋生于菌丝体中，褐色至暗褐色，球形至扁球形，直径120~240μm，壁细胞呈不规则的多角形，但不明显。附属丝较短，25~43根，生于闭囊壳赤道的下部，弯曲并分枝，粗细不均，常与气生菌丝交织在一起。子囊17~20个，椭圆形、宽椭圆形，两侧不对称，有长柄，直或弯曲，（68~120）μm×（26~35）μm；子囊孢子2~3个，椭圆形、长椭圆形，（21~50）μm×（12~25）μm。

该菌除寄生苜蓿属外，还寄生黄芪属（*Astragalus*）、岩黄芪属（*Hedysarum*）、红豆

图 30　苜蓿白粉病田间发生初期症状

图 31　苜蓿白粉病田间发生后期症状（出现颗粒物）

图 32　苜蓿白粉病叶片表面的白粉（左）和毡状物（右）

图 33　苜蓿白粉病不同的症状（褪绿大斑和稀疏霉层）

图 34　苜蓿白粉病的病原（黄色至黑色的闭囊壳）

图 35　苜蓿白粉病的病原（左：叶背丝状物；右：叶正面的斑点和叶背的毡状物）

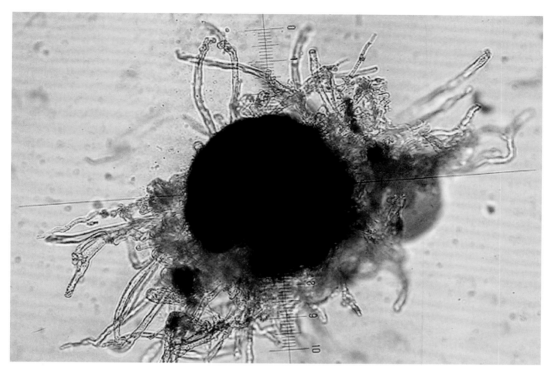

图 36 苜蓿白粉病的闭囊壳（周围的为其附属丝）

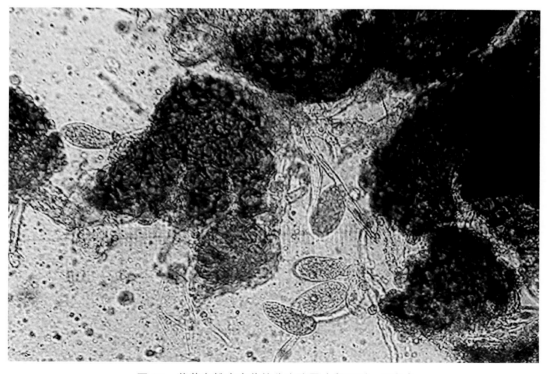

图 37 苜蓿白粉病病菌的分生孢子（卵圆形，无色）

草属（*Onobrychis*）、野豌豆属（*Vicia*）、鹰嘴豆属（*Cicer*）、骆驼刺属（*Alhagi*）以及槐属（*Sophora*）等植物。

2. 豌豆白粉菌（*Erysphe pist* DC.）

该菌的菌丝气生，只以吸器伸入寄主表皮细胞吸收养分。菌丝体生于叶的两面，大多数情况下存留并形成无定形的白色斑片，常复满全叶。分生孢子单孢，无色，桶形至圆柱形，大小（26~43）μm×（12~18）μm。闭囊壳散生或聚生，球形或扁球形，暗褐色，直径85~125μm，个别达150μm，壁细胞不规则多角形，直径6~24μm；附属丝7~49根，大多不分枝，少数不规则地叉状分枝1~2次，曲折状至扭曲状，个别曲膝状，长度为闭囊直径的1~3倍，长45~420μm，局部粗细不匀或向上稍渐细，宽5~10μm，壁薄，平滑至稍粗糙，有0~5个隔膜，成熟时一般在下半部褐色，上半部淡褐色至近无色；子囊5~9个，卵形、近卵形，少数近球形或其他不规则形状，一般有短柄，少数近无柄至无柄，（45~76）μm×（35~46）μm；子囊孢子3~5个，卵形、矩圆–卵形，淡黄色，（20~26）μm×（12~16）μm。

该菌除寄生苜蓿外，还寄生三叶草属、草木樨属、黄芪属、野豌豆属、胡枝子属（*Lespedeza*）、山藜豆属、扁蓿豆属（*Melissitus*）、豌豆等豆科植物。

三、病害发生规律

白粉菌以闭囊壳在苜蓿的病株残体上越冬，土层10cm以上的病残体是第二年苜蓿白粉病发生的主要侵染源。也能够以休眠菌丝越冬，次年春天当苜蓿返青后，越冬后的闭囊壳产生子囊孢子，子囊孢子借气流传播，侵染返青后的苜蓿植株，或越冬后的休眠菌丝产生分生孢子，分生孢子侵染返青后的植株。越冬后的病菌产生的子囊孢子或分生孢子造成的侵染称为初侵染，此后产生的孢子造成的侵染称为再侵染。苜蓿在一年中有多次再侵染，在适宜条件下，能很快造成病害流行，其侵染的孢子主要为分生孢子。豆科内丝白粉菌分生孢子萌发适宜温度约为26℃，适宜萌发的相对湿度为58~76%，芽管可直接穿透寄主表皮细胞。日照充足、多风、土壤和空气湿度中等、海拔较高、草层稠密、遮阴、刈割利用不及时、草地利用年限较长、田间管理较差都会使此病害严重发生。过量施用氮肥和磷肥均会加重病情，而磷、钾肥以合理比例施用则有助于提高苜蓿对该病的抗病性。

四、病害分布及为害

苜蓿白粉病是干旱地区最常见的苜蓿病害之一，在干旱并且温暖的地区发生尤为严重。美国、日本、意大利、乌兹别克斯坦、伊拉克、苏丹等国家均有报道。在我国的北京、河北、吉林、山西、安徽、甘肃、新疆、四川、西藏、贵州、云南等地也广泛发生，在有些地区如新疆和甘肃河西走廊为害比较严重，且有逐年加重的趋势，对苜蓿生产尤其是苜蓿种子生产带来严重威胁。由内丝白粉菌引致的苜蓿白粉病在新疆北部地区发病率为 5%~15%，重者甚至达到 100%，新疆南部地区发病率较低，通常低于 1%，而由豌豆白粉菌引起的白粉病发病率低，为害相对较小。感病后的苜蓿与健康植株相比，其消化率下降 14%，粗蛋白含量减少 16%，草产量降低 30%~40%，种子产量降低 40%~50%，牧草品质低劣，适口性下降，种子活力较差，家畜采食后，能引起不同程度的毒性为害。

第五节　苜蓿茎点霉叶斑病与黑茎病

一、症状及识别要点

症状：

苜蓿茎、叶、荚果以及根颈和根上部均可受到侵染，田间最明显的侵染部位为茎和叶（图 38）。发病初期叶片上出现近圆形小黑点（图 39-42），随后逐渐扩大，常相互汇合，边缘褪绿变黄，轮廓不清，病斑中央颜色变浅，多不规则，直径约 2~5mm，较大者可达 9mm；叶片背面出现与叶片正面病斑对应的斑点（图 39）。叶部发病严重时叶片变黄，提早脱落。叶尖的病斑常呈近圆形、不规则形或楔形大斑（图 42）（文献记载叶部病斑特别是叶尖的病斑有时呈轮纹，又称为轮纹病，但笔者未发现有明显轮纹状的病斑）。

茎基部自下而上出现褐色或黑色不均匀变色，无规则形状，后期茎皮层全部变黑

图 38　苜蓿茎点霉叶斑病与黑茎病在茎秆上发生症状

图 39 苜蓿茎点霉叶斑病与黑茎病在叶片上的症状（左：叶片正面，右：叶片背面）

图 40 苜蓿茎点霉叶斑病与黑茎病在叶片上发病初期症状

图 41　苜蓿茎点霉叶斑病与黑茎病在茎上发病初期症状

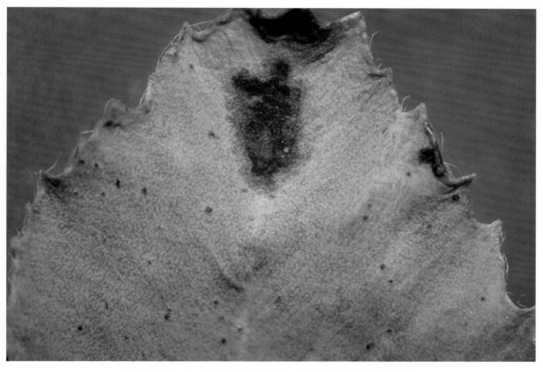

图 42　苜蓿茎点霉叶斑病与黑茎病在叶片上的典型症状

（图 41）。发病后期病斑稍凹陷，扩展后可环绕茎一周，有时使茎开裂呈"溃疡状"，或使茎环剥乃至死亡，并出现病原物的分生孢子器，但肉眼难以看清楚，需借助体视显微镜或放大镜观察，分生孢子半埋于皮层之中（图 42）。

带菌种子萌发率低，长出的幼苗往往已感病，子叶和幼茎出现深褐色病斑，气温适宜时幼苗死亡率超过 90%。根部受侵染时根颈和主根上部出现溃烂。

识别要点：

叶片上病斑大，形状不规则，病斑上有大量黑色颗粒物；茎不均匀变褐、变黑。

二、病原物与寄主范围

苜蓿茎点霉（*Phoma medicaginis* Malbr. & Roum. var. *Medicaginis* Boerema）分生孢子器球形、扁球形，散生或聚生于越冬的茎斑或叶斑上，突破寄主表皮，孢子器壁淡褐色、褐色或黑色，膜质，直径 93~236μm。当分生孢子器被放入水中，分生孢子在黏稠的胶质物中，呈牙膏状或楔形自孔口排出。分生孢子无色、卵形、椭圆形、柱形、直或弯，末端圆，多数为无隔单胞，少数双胞，分隔处缢缩或不缢缩，大小（4~5）μm×2μm。据报道，其有性阶段为 *Pleospora rehiana* (Stariz.) Sacc.，但未被证实。在马铃薯葡萄糖琼脂培养基上，菌落呈橄榄绿色至近黑色，有絮状边缘。在温度为 18~24℃时，产生大量分生孢子器并产生孢子。该菌适宜 pH 值范围广，在 pH 值为 3~12 时均能生长、产孢和孢子萌发，最适 pH 值为 6。感病的叶片和茎部进行离体培养也容易产生分生孢子器和分生孢子。

苜蓿属（*Medicago*）、草木樨属（*Melilotus*）、三叶草属（*Trifolium*）、蚕豆（*Vicia faba*）、豌豆（*Pisum sativum*）、菜豆、扁蓿豆、大翼豆（*Macroptilium* spp.）、鹰嘴黄芪（*Astragalus cicer*）、百脉根（*Lotus corniculatus*）、山黧豆（*Lathyrus quinquenervius*）、小冠花（*Coronilla varia*）等植物均受此菌侵染。

三、病害发生规律

生长季节分生孢子器很少在病斑上形成，但在越冬的茎部和落叶的病斑上可形成大量分生孢子器。感染的根颈和主根上部也是病原菌越冬的主要场所。可形成种带真菌，病原菌菌丝侵染种皮后，其带菌率超过 80%。春季发病茎秆或叶片上的分生孢子器遇到雨水，孢子便从中生出，被水、风或昆虫传播到新的植株上。雨水或露水是孢子释放与再侵染的必要条件。通常情况下第一茬牧草受害最重，冷凉潮湿的秋季，病害会再次严重发生，发病温度常为 16~24℃。

四、病害分布及为害

苜蓿茎点霉叶斑病又称春季黑茎病或者轮纹病，是豆科牧草常见的叶部和茎部病害，广泛分布在欧洲和美洲等地，我国吉林、河北、内蒙古、甘肃、宁夏、新疆、贵州、云南等省区均有发生，在榆中北山、静宁、会宁等甘肃中部夏季凉爽而多雨的山区地该病发生较严重。在夏季冷凉潮湿的地区，茎点霉叶斑病是一种毁灭性病害，严重发生时，叶片提早脱落，干草和种子减产，种子发芽率和千粒重降低，严重影响牧草生产。在美国犹他州，该病严重发生时干草减少40%~50%，种子减产32%，发芽率下降28%，病株种子的千粒重仅为健株的34%。

第六节　苜蓿菌核病

一、症状及识别要点

症状：

主要侵染根颈和茎，多发生于我国南方地区。为害根颈部，使变褐色，软化，因阻断了对叶面部分的养分运输，其上茎变褐、枯萎、变软，呈糊状，最终解体，茎表皮脱落并变成黑褐色，叶片褪绿，出现黑绿色水渍状小斑，小斑继续扩大到全叶，造成叶片卷曲、枯黄（图43），发病部位出现大小不等的黑色菌核（图44）。

该病发生时病株生长迟缓、根颈腐烂、春季不返青，与镰刀菌根腐病相似，其中春季不返青的特征与冻害易混淆。根据如下特征可确诊此病：① 菌核。在春季不返青时可在植株根颈部和土壤表面找到菌核，枝条枯死时，剥开受害的根颈和茎秆可见菌核。② 白色菌丝体。在春季冷湿的天气下，病原菌在感病植株的根颈和茎部产生白色、絮状的菌丝体，网状分布于表面，菌丝体遇露水时形成水珠，在有露水的早晨在茎间特别明显；菌丝体且通过土壤表面从一株到另一株进行扩展传播，致使病株连成小片，形成白色枯死团。③ 在春季冷凉潮湿天气下，或连续阴雨后，茎部受侵染而枯死，植株死亡、倒伏，茎叶腐烂，气温升高湿度降低时此病不再发生。

识别要点：

植株茎叶和根腐烂、变软，产生黑色颗粒物，病株在早晨有露水时蜘蛛网结露一样。

二、病原物与寄主范围

引起苜蓿菌核病的病原菌主要有以下两种：

图 43　苜蓿菌核病为害枝条（左）和菌核（右）

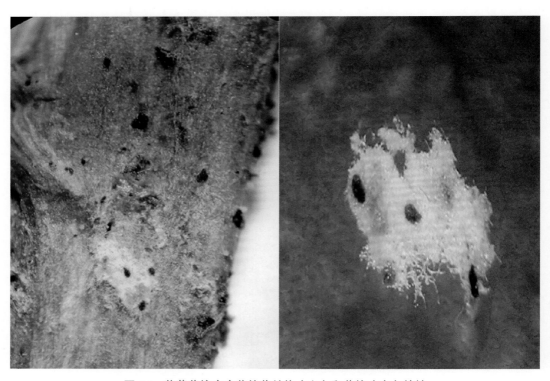

图 44　苜蓿菌核病病菌的菌丝体（左）和菌核（右）特性

1. 三叶草核盘菌（*Sclerotinia trifoliorum* Eriks.）

该菌产生黑色菌核，近球形至不规则形，直径 2~8mm。在显微镜下可看到菌核表皮有向外长的无色绒毛状物。菌核萌发产生具柄、暗黄色至淡褐色的子囊盘，直径 3~10mm，典型的菌柄 3~15mm。子囊不具有囊盖，长圆筒形，（140~240）μm×（10~12）μm，内含 8 个单列的子囊孢子。子囊孢子无色，单胞，椭圆形至腊肠状，具有 4 核。每个子囊内的孢子有大小两种类型分别为 4 个较大的子囊孢子和 4 个较小的子囊孢子，大小孢子在各子囊内的排列是不一定的。较大子囊孢子为（13~18）μm×（7~10）μm，较小子囊孢子为（10~13）μm×（6~7）μm，子囊孢子的长宽比通常小于 2。较小分生孢子球形，无色，直径 2~3μm，在营养菌丝上形成链或胶质团。这类孢子不会萌发，在病害传播中不起直接作用，但可以在菌株异宗配合的杂交中起作用。自然条件下，三叶草核盘菌的典型子囊盘发生于秋季。

该菌寄主范围较广，可侵染红三叶（*Trifolium pratense*）、白三叶、杂三叶（*T. hybridum*）、平卧三叶（*T. procumbens*）、及苜蓿属、红豆草、百脉根、蚕豆、豌豆、箭筈豌豆、黄芪等豆科植物。此外还侵染藜（*Chenopodium album*）、蒲公英（*Taraxacum mongolicum*）、车前（*Plantago depressa*）、龙胆（*Gentiana scabra*）、荠菜（*Capsella bursa-pastoris*）、月见草（*Oenothera speciosa*）等许多其他科的植物。

2. 核盘菌（*S. sclerotiorum* Lib. De Bary）

通过对核盘菌的显微学鉴定，与三叶草核盘菌的区别在于：菌核外表光滑，没有绒毛状物，子囊孢子双核，在同一子囊内的孢子大小相近，子囊孢子的长宽比通常大于 2，菌核大小为 0.85~3.35mm。自然条件下，核盘菌的典型子囊盘发生于春季或夏季。在人工控制的实验室环境条件下，两种核盘菌可以在大致相同的时间内产生子囊盘。该菌寄主范围也比较广泛。

三、病害发生规律

冬、春季菌核在病株上形成。当植株死亡后，菌核落到土壤表面，夏季保持休眠状态。秋季湿凉的土壤条件导致菌核萌发（三叶草核盘菌）。菌核埋入土中 2cm 以上时，一般就不能产生足以达到土壤表面长度的菌柄的子囊盘。只有土壤表面或接近表面的菌核，才能产生成熟的子囊盘。日间土温降到大约 10℃时，子囊盘出现。子囊孢子自子囊内有力地喷射出来，并被风吹到相距较远的新建植的苜蓿田内，进行侵染。一个子囊盘可以散播几百个子囊孢子，新的子囊盘继续出现，直到土壤结冻。在气候温暖时，可以从整个冬季到早春，一直产生子囊孢子。子囊孢子沉落在叶面或叶柄上，萌发并直接侵入寄主。病原菌侵入后，随即出现一段静止状态。在严霜或植株表面连续的潮湿刺激下，病原菌扩展到茎和根颈组织内，可以继续进行由菌丝生长造成的株间再侵染。在冬季，积雪覆盖是病害严重与否的最重要影响因素。10~20℃的温度和高湿条件，对三叶草核盘菌的生长有利。大雪覆盖的隔热影响，使温度保持在允许病原菌生长的范围内，而且雪层也提供连续的高湿条件。在冬季积雪期较短的地区，评价核盘菌造成的为害主要考察降水量的多少。再侵染持续到春季新枝生长直到第一次刈割。种植多年的苜蓿种子田受害最重，苜蓿的茎秆被严重感染。菌核随种子传播，是一个重要的侵染途径。

四、病害分布及为害

苜蓿菌核病是一种世界性真菌病害，是豆科牧草的根冠和茎腐烂病，俗称"鸡窝病""秃塘病"，主要发生于美国和欧洲各个地区，我国主要发生于新疆、江苏、贵州、北京等地。菌核病在苜蓿生长的各个时期均可造成严重为害，其中对苜蓿幼苗为害最大。长成的植株也会受侵染致病，成为无生产力的病株。该病多发生于春季4—5月和夏末秋初7—8月。病株成团枯死，造成草地稀疏、秃斑，严重影响了苜蓿的产量和品质。苜蓿菌核病多发区夏末秋初发病率可达15%~35%，病情指数可达75以上。

第七节　苜蓿小光壳叶斑病

一、症状及识别要点

症状：

主要侵染幼嫩叶片，也侵染老叶、叶柄。叶部症状随环境和叶片的生理状况而变化。病斑初起较小，黑色（图45），后扩大成直径1~3mm的"眼斑"，病斑中央多为

图45　苜蓿小光壳叶斑病发病初期症状

灰白色，故被称为"灰星病"（图46），有时病斑中央淡褐色至黄褐色，有暗褐色边缘，常有一个褪色淡绿区环绕（图47），有时多个病斑汇合在一起（图48）形成大斑。在病斑中心产生黑色颗粒，为该病菌的子囊壳，子囊壳表生，易脱落，显微观察可看到其子囊和子囊孢子（图49），但在甘肃会宁等地发生的病叶和越冬后的枯叶上未检出子囊壳。在人工培养条件下，菌丝体多生长于培养基中，菌丝放射状生长，菌落黑色，产生颗粒状物（即子囊壳），但未观察到子囊孢子的产生（图50）。叶片受害后变黄，枯死，但在短期内仍附挂在枝条上，直至被风吹落或刈割时碰落。苜蓿早春发病造成植株矮化。

识别要点：

病斑初期形成"眼斑"，中央灰色，后期病斑汇合，中心产生黑色子囊壳。

二、病原物与寄主范围

苜蓿小光壳叶斑病的病原为苜蓿小光壳 [*Leptosphaerulina briosiana* (Poll.) J. H. Graham & Luttrell]，异名：苜蓿格孢球壳（*Pleosphaerulina briosiana*）与苜蓿格孢假壳（*Pseudoplea briosiana*）。子囊壳（假囊壳）散生，球形或近球形，初埋生，后突破表皮，有一宽的开口，壳壁淡褐色，由薄壁细胞构成，膜质，直径80~155μm，子囊壳内有几个较大的袋状子囊，子囊无色，双层壁，大小为（50~98）μm×（30~48）μm，子囊内有8个子囊孢子，子囊孢子椭圆形、近棱形，无色至淡黄色，两端较钝圆，多个细胞组成，大多呈砖格状，有3~5个横隔，0~2个纵隔。在人工培养基上形成的子囊壳、子囊和子囊孢子比在寄主组织上形成的稍大。在V-8液琼脂培养基上形成的菌落黑色。当在20~22℃光照条件下培养5天即可产生子囊孢子，但黑暗条件很少产生子囊孢子。

除了为害苜蓿、镰荚苜蓿和天蓝苜蓿外，也侵染一些一年生苜蓿。在美国马里兰州还侵染大豆。

三、病害发生规律

病原菌以菌丝和子囊壳在苜蓿茎基部等病组织内越冬，次年苜蓿返青后病菌扩展为害。但在冷凉潮湿的条件下，该病菌主要以子囊壳在脱落的病叶上越冬，次年苜蓿返青后病菌的子囊壳弹射出子囊孢子侵染幼嫩叶片。在潮湿的条件下，该病在苜蓿整个生长季节内均可流行。在我国北方该病害一般流行于春季和初夏，秋季亦可再度流行。在我国南方该病害流行于秋冬季，通常二三茬苜蓿受害最大。

四、病害分布及为害

苜蓿小光壳叶斑病分布较广，美洲、欧洲、亚洲和非洲均有报道。在美国，1956年以前该病害曾被认为是苜蓿的次要病害，1956—1960年，在东部及中部各州流行。目前

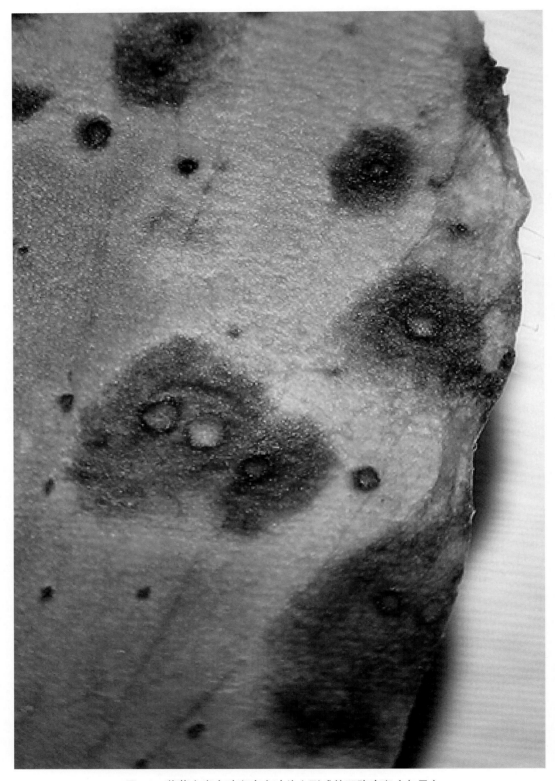

图 46　苜蓿小光壳叶斑病在叶片上形成的凹陷病斑（灰星）

图 47　苜蓿小光壳叶斑病发病后期症状（典型症状）

图 48　苜蓿小光壳叶斑病在叶片边缘上的病斑

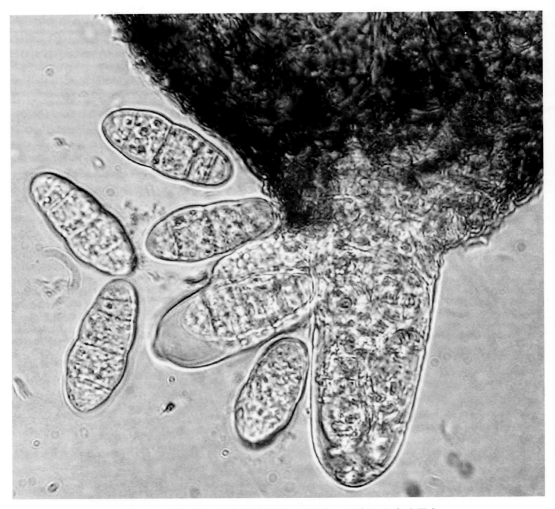

图 49　苜蓿小光壳叶斑病病原（子囊壳、子囊和子囊孢子）

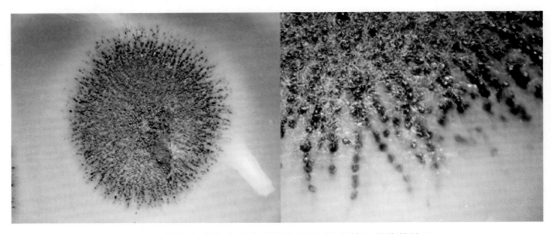

图 50　苜蓿小光壳叶斑病病原在 PDA 培养基上的菌落特征

在加拿大、美国的东北部和夏季气候较凉爽、潮湿的地区，是重要的病害之一，其为害性常超过褐斑病。我国最早发现于吉林公主岭地区。之后在内蒙古、山西、甘肃、新疆、宁夏及云南等省区也有发现，从几处发生情况与其他病害比较，目前为害程度较轻。

第八节　苜蓿壳多孢叶斑病与根腐病

一、症状及识别要点

症状：

叶部病斑卵圆形、长圆形，汇合后呈不规则形。病斑边缘不平滑，中部呈黄白色，大小 2~10mm，甚至占据整片小叶。病斑上有明显的黑褐色小点，即病原菌的分生孢子器。病斑汇合后，叶片很快脱落。茎部病斑与叶部近似。粗茎和主根切面上可见其皮层和木质部中都有很多坏死斑点或条纹，小、不规则、橙红色。在温室中由根颈部接种，3~4 个月才表现症状。苜蓿的根部受害后植株矮化，根部坏死、腐烂，受害严重者植株死亡，发病组织变干而硬。

识别要点：

叶片上有较大病斑，植株矮化，根部腐烂。

二、病原物与寄主范围

苜蓿壳多孢 [*Stagonospora medicaginis* (Rob. et Desm.) Hohn.] 有性阶段为草地小球腔菌（*Leptosphaeria pratensis* Sacc. et Briard.）。此菌有三种类型的子实体，在 20~24℃时，产生壳多孢型分生孢子。分生孢子器暗褐色，有长颈或喙突和略呈长形的孔口，直径为 100~300μm。分生孢子长形、柱形，两端钝圆，直或稍弯，0~3 个隔膜（多为 1 个或 2 个隔膜），大小（10~24）μm×（2~4)μm。秋末气温在 8~12℃时，产生茎点霉型分生孢子，单胞，无色。次年春天，在病茎上产生子囊壳，内含子囊和有隔的子囊孢子，长 26~34μm。在培养过程中不经历有性阶段，病原物在人工培养基上生长缓慢。在 V-8 液琼脂培养基上，菌落直径每日生长大约 1mm。病组织置于湿滤纸上保湿培养，形成分生孢子器后，将孢子挤出并划线在含金霉素（5μg/mL）的 V-8 液琼脂培养基上进行分离。病原菌在 V-8 液琼脂培养基上生长以及分生孢子器产生适温均为 20~25℃，30℃以上不能生长。光照可促进分生孢子器形成。

该病原物主要寄主有苜蓿、天蓝苜蓿、草木樨、三叶草等植物。

三、病害发生规律

春季在枯死的茎秆上形成有性阶段的子囊壳，但其作用尚不清楚。无性阶段的分生孢子器容易在植株下部的茎秆和叶片上发现，即使是降水量小的地区也是如此。分生孢子从潮湿的分生孢子器中挤出，并被雨水或灌溉水带到其他植株上。根腐病从症状出现到发展成为具明显为害的程度，进程缓慢，需 2~3 年时间。

四、病害分布及为害

在美国、澳大利亚、加拿大和欧洲的许多国家和地区，发生由壳多孢引起的叶斑、茎斑和根腐等症状的苜蓿病害。在美国加利福尼亚州，壳多孢根腐病使第二年和第三年的苜蓿草地提前衰败。在我国内蒙古中部、山西北部和甘肃中部（静宁县）等地发现该菌引起的苜蓿叶斑病。

第九节　苜蓿黄斑病

一、症状及识别要点

症状：

病斑主要发生在叶片上，病叶干枯并卷成筒状，导致大量叶片脱落（图 51），叶柄和茎上也有发生。感病的叶片最初有褪绿的小病斑，随后扩大为褪绿条斑，继而变为淡黄色或橙色大病斑（图 52），病斑扩展常受叶脉限制，呈扇形或沿叶脉呈条状（图 53），有时也稍呈圆形。病斑上可见许多小黑点（图 54），即病原菌无性时期的分生孢子器（图 55），分生孢子短棒状，两端微尖（图 56）。多在夏末后的存活病叶，或春季发病的枯叶的背面上出现小杯状、橙黄色至黑褐色的子囊盘。

识别要点：

病斑由小点扩展为淡黄色的扇形大斑，病斑上有星星点点的小黑颗粒。

二、病原物与寄主范围

该病菌的病原为苜蓿黄斑病原菌 [*Leptotrochila medicaginis* (Fckl.) H. Schiiepp]，异名：苜蓿埋核盘菌（*Pyronopeziza medicaginis* Fckl.）、琼斯假盘菌（*Pseudopeziza jonesii* Nannf.）。此菌与苜蓿褐斑病菌相似，主要区别为：黄斑病菌在自然条件下可产生无性子实体（分生孢子器），而褐斑病菌至今未发现无性阶段。此菌的分生孢子器腔埋生于叶组织内，多为单腔，无孔口，后突破寄主表皮裸生并裂开呈盘状，直径 80~260μm，深 100μm 左右，分生孢子梗无色，有隔，长 18~23μm，分生孢子单孢，无色，长椭圆形至柱形，大小（6~9）μm×（2~3）μm。子囊盘叶两面生，多生于叶下面，初为球形，后张开呈盘状，直径 0.1~2mm，具短柄。成熟或近成熟时，在潮湿条件下，子囊盘顶部打开暴露出淡灰或黄褐色的子实层。子囊棒状，（55~75）μm×（7~10）μm，内

图 51　苜蓿黄斑病在田间的为害状

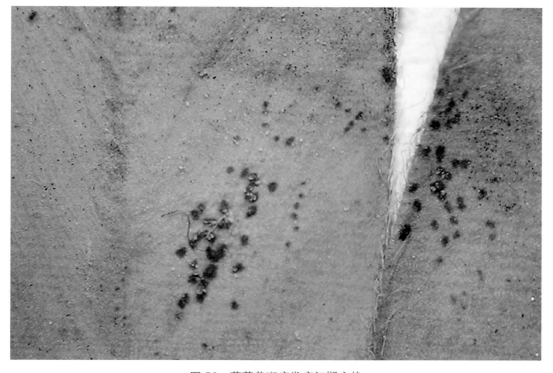

图 52　苜蓿黄斑病发病初期症状

图 53　苜蓿黄斑病发病后期症状（典型症状）

图 54　苜蓿黄斑病在叶片上发生特点

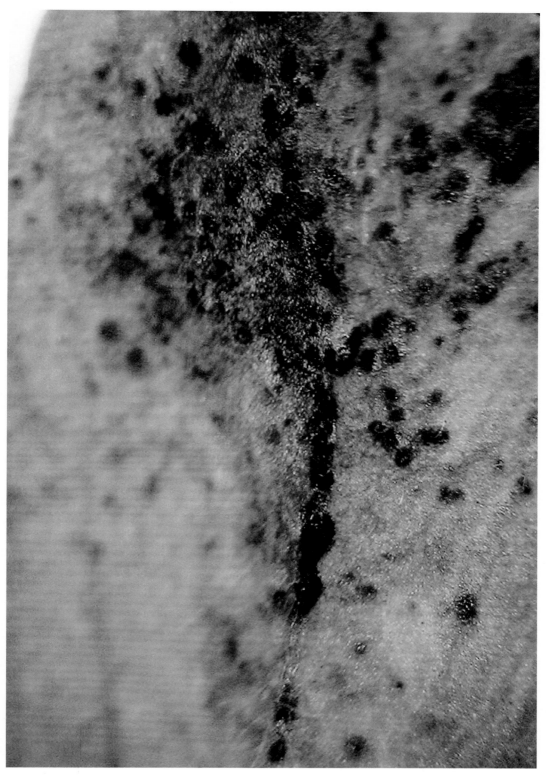

图 55 苜蓿黄斑病的病斑特写

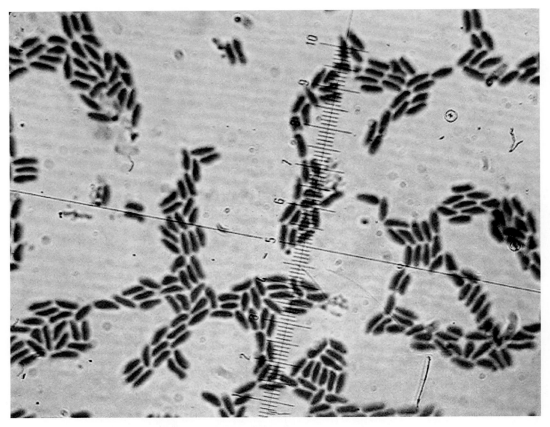

图 56　苜蓿黄斑病的病原（分生孢子）

含 8 个子囊孢子。子囊孢子无色，单胞，卵形，（9~11）μm×（3~6）μm。子囊间夹生比子囊稍长的线状侧丝。

三、病害发生规律

该病原菌于秋季在枯死的病叶上形成子囊盘，以子囊盘越冬，或以菌丝体在病叶中越冬，于第二年春季再产生子囊盘。在有利的温湿度条件下，子囊盘可在 2~3 周内形成。子囊孢子形成的最适温度为 18~25℃，最适相对湿度为 70%。成熟的子囊盘在低于 25℃和空气相对湿度大于 97%的条件下弹射子囊孢子，弹射距离可达 18mm，90% 的孢子以单个孢子降落。在病叶上越冬的子囊孢子可以存活至 7 月上旬。子囊孢子在 3~31℃均可萌发，在 8~22℃条件下萌发最快。在 20℃时，4 小时芽管就可侵入寄主，12℃时为 8 小时，6℃时为 24 小时，32℃时不能发生侵染。从成熟子囊盘中射出的子囊孢子可以发生侵染，无性时期的分生孢子则不能侵染寄主，因而在病害传播和流行中不起作用。

四、病原分布及为害

该病害广泛发生于世界温带地区，如美国的北半部各州和加拿大、俄罗斯及南斯拉夫等。在北美洲草原及乌克兰森林草原地带，常常是最重要的苜蓿叶病之一。在美国怀俄明州，常严重发生于旱地苜蓿。灌溉地的苜蓿很少发病。病害严重时，干草减产40%~80%。在我国吉林、辽宁、黑龙江、河北、宁夏、贵州等省区都曾有发生报道。近年在甘肃陇东及中部干旱及半干旱地区发病普遍，为害较大。

第十节　苜蓿炭疽病

一、症状及识别要点

苜蓿炭疽病病斑出现于植株的各部位，对茎秆为害最普遍，也最常见，对根颈和根部的为害对苜蓿的影响最大，在叶片和叶柄上发生较少。

在北方地区主要发生于夏秋季，在四川、云南等南方地区主要发生于初春，此后则发生少。茎部受侵染后出现不规则的小黑点（在抗病品种上），或较大的、稻草黄色的、具褐色边缘的、卵圆形至棱形的病斑（在感病品种上）（图60），当病斑在横向扩大或汇合占据茎皮层面积大时导致受害的整个茎秆萎蔫、枯死，茎上仅有少量小斑也可导致整枝干枯的情况也常见。病斑后期呈灰白色，病斑上有黑色小点（图61），即病原菌的分生孢子盘（图62）。有时枝条枯死，但在枝条上看不到明显病斑，仅茎基部青黑色，或根颈部青黑色腐烂，或根部黑色或褐色病斑，注意与镰刀菌等根腐病菌引致的病害加以区别。同一病株内常有一个至几个枝条受害枯死，或全株死亡（图59）。田间出现稻草黄至珍珠白色的枯死枝条，这是此病田间识别的主要特征，可与其他病害区分开来（图57）。叶片全叶褪绿、变黄、干枯，无明显病斑；叶斑变黑枯死（图58）。

识别要点：

植株上部分枝条叶片变黄直至干枯，而其他枝条健康。

二、病原物与寄主范围

引起苜蓿炭疽病的病原菌主要有以下3种。

1. 三叶草刺盘孢（*Colletotrichum trifolii* Bain & Essary）

分生孢子盘散生或聚生在稻草黄色的病斑上，坐垫状，突破寄主表皮，内有刚毛。刚毛的长短与数目随湿度和其他因素变化而异。刚毛暗褐色至黑色，有1个隔膜或无隔。分生孢子梗无色，柱状或纺锤状，其长短一般约与孢子等长，其顶端着生分生孢子。分生孢子单胞，无色，短柱状，两端钝圆，大小11~15μm，其宽长比大致为

0.36~0.60。这种真菌在燕麦粉琼脂培养基、V-8 液琼脂培养基或马铃薯葡萄糖琼脂培养基上，在 20~28℃黑暗或有光条件下，培养 5~7 天即可产生大量淡黄色至粉红色的分生孢子团。从病茎上直接分离病原菌的有效方法是，从茎上切取正产生病斑的小段 5cm 左右，将其放在灭菌湿滤纸上，放入培养皿中，低温保存 2~3 天，在此条件下新鲜的病斑通常产生大量相对无污染的分生孢子。这种分生孢子团可被划线到水琼脂平板上或抗生素水琼脂上，在室温条件下培养。单个萌发的分生孢子容易在显微镜下找到，并转移到营养培养基中。三叶草刺盘孢在美国和其他国家温暖地区的红三叶（*Trifolium pratense*）上也引起严重的病害，为了与噬茎球梗孢（*Kabatiella caulivora*）引起的北方炭疽相区别，被称为南方炭疽病。

2. 毁灭性刺盘孢（*Colletotrichua destructivum* O'Gara）

在北美和欧洲发现此菌侵染苜蓿，但对苜蓿致病力比三叶草刺盘孢弱。我国也在吉林省发现此菌，为害苜蓿。此菌分生孢子盘小，直径 25~70μm，散生或聚生。刚毛褐色或暗褐色，近直或微弯，无隔膜或具 1 隔膜，（38~205）μm×（4~7）μm。分生孢子无色，单胞，直或稍弯，末端圆形，（14~22）μm×（3~5）μm。

3. 平头刺盘孢（*Colletotrichum truncatum* (Schw.) Andrus & Moore）

该菌侵染苜蓿，但对苜蓿致病力不强。刚毛多，（60~300）μm×（3~8）μm。分生孢子两端钝，内有液滴状物，（15~24）μm×（3~4）μm。该病原菌能侵染多种豆科植物。

图 57　苜蓿炭疽病的田间分布

图 58　苜蓿炭疽病在叶片和枝条上的症状

图 59　苜蓿炭疽病为害后枝条枯死

图 60　苜蓿炭疽病在茎基部的病斑（左）和发生后期环绕茎形成的大斑（右）

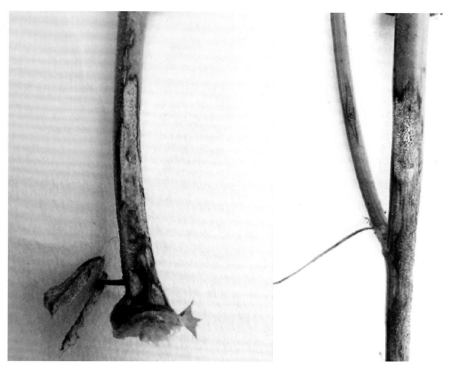

图 61　苜蓿炭疽病在茎基部的典型症状

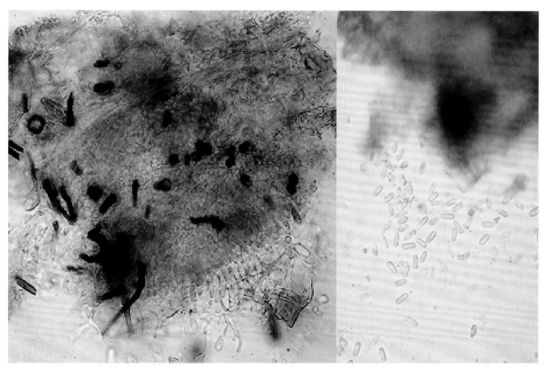

图 62　苜蓿炭疽病病菌的分生孢子盘、刚毛（左）和分生孢子（右）

三、病害发生规律

病原菌在病株残体（尤其是残茬）上越冬。刈割机具上的残留病草碎片也是次年的主要侵染来源，这是病原物从多年苜蓿田向新播种苜蓿田传播的重要方式。病原菌孢子也可通过脱粒时被污染的种子传播。病原菌可在茎、茎与根颈接合部及根颈等部位渡过逆境。病原菌在寒冷季节，于苜蓿茎秆内可存活 10 个月，在 22℃时，只能生存 4 个月就失去致病力。该病在高温多湿条件下发生严重，雨水和露水有助于病害迅速蔓延。在整个生长季节，病原菌可进行重复侵染，但幼苗期易感性高于成株。多汁的叶柄和嫩茎也容易受侵染。常在夏末秋初的二次刈割之间，病害达到最严重的程度。光照对病害严重程度影响不大。

四、病害分布及为害

苜蓿炭疽病在澳大利亚、美国、阿根廷、捷克斯洛伐克、法国、意大利和俄罗斯等国家已成为分布较广、毁灭性的真菌性病害。由于高度感病的苜蓿品种使用增多，炭疽病成为分布更广，为害更重的病害。我国苜蓿炭疽病多分布于新疆、甘肃、宁夏、内蒙古、贵州和吉林等省（区），在江苏、浙江也有报道。

第十一节　苜蓿尾孢叶斑病

一、症状及识别要点

症状：

叶片上首先出现小的褐色斑点，随后逐渐扩大呈较大的斑点，边缘水渍状，淡黄色，病斑灰色（图 63）。发病后期病斑扩大为大斑，灰色，不规则形，孢子产生时病斑变成银灰褐色，病斑直径 2~6mm，叶背的病斑与叶片正面的病斑对应出现（图 64），在一些苜蓿品种的叶片上病斑呈红褐色（图 65）。病斑后期在体视显微镜下可见银白色丝状物（图 66），为呈丛出现的病菌的分生孢子梗和分生孢子（图 67）。发病叶片在几天内由下部逐渐向上脱落，是本病最明显的症状。

茎部出现症状的时间晚于叶部，病斑红褐色至棕褐色，长形，病斑扩大并互相汇合直到大部分茎秆变色（图 68）。侵染的菌丝不穿透厚壁组织的维管束鞘，病斑只被限制在皮层中。

识别要点：

叶片上病斑或大或小，不规则，灰色或红褐色；下部茎叶发生早于上部的茎叶。

图 63 苜蓿尾孢叶斑病在叶片上发病初期的症状

图 64 苜蓿尾孢叶斑病在叶背上的症状

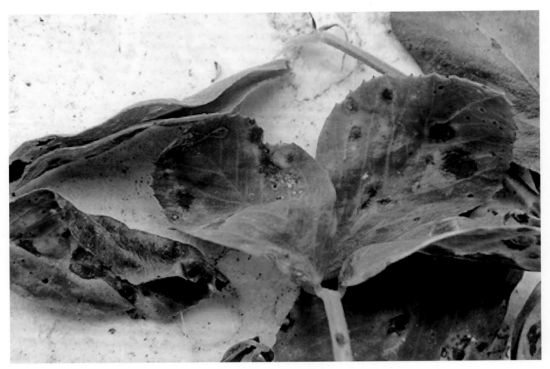

图 65　苜蓿尾孢叶斑病在叶片发病后期的症状（即典型症状）

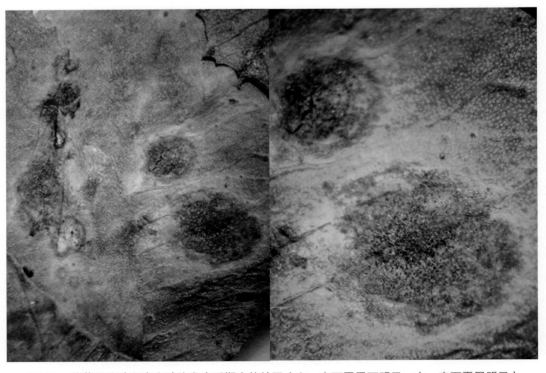

图 66　苜蓿尾孢叶斑病在叶片发病后期症状特写（左：表面霉层不明显；右：表面霉层明显）

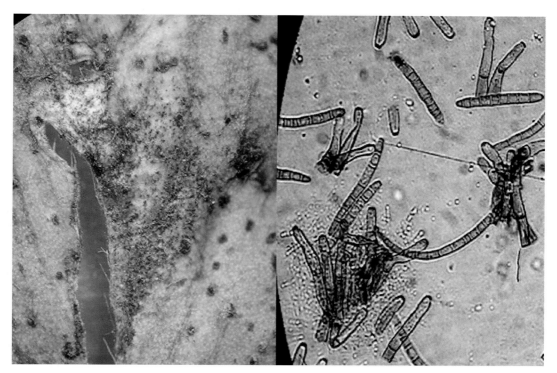

图 67 苜蓿尾孢叶斑病在叶片发病后期的症状和病原形态
（左：表面霉层；右：病原的分生孢子梗和分生孢子）

图 68 苜蓿尾孢叶斑病在茎上的症状

二、病原物与寄主范围

苜蓿尾孢（*Cercospora medicaginis* Ell. et Ev.），分生孢子梗 3~12 个，束生，半透明至榄褐色，有隔膜 1~6 个。第一个分生孢子由分生孢子梗顶端产生，脱落后在梗上留下明显的痕迹，之后的分生孢子由痕迹下方长出，孢子梗同时继续生长，使孢子梗呈屈膝状，是该属的特征。分生孢子无色透明，直或微弯，圆柱形至针形，基部稍宽向上渐窄，有不明显的多个分隔，大小（40~208）μm×（2~4）μm。在湿度较低情况下形成的孢子较短，在高湿条件下形成的孢子较长。孢子形成的最适条件为：V-8 液琼脂培养基或胡萝卜煎液培养基，温度在 24℃ 左右。分生孢子可从任何细胞萌发，但基部细胞通常首先萌发，接种后 24~48 小时，芽管即可通过气孔或表皮侵入。目前苜蓿尾孢没有发现有性时期。

另外，条斑尾孢（*C. zebrina* Pass.）主要侵染三叶草属，戴维斯尾孢（*C. davisii* Ell.& Ev.）或戴维斯球腔菌（*Mycosphaerella davisii* F. R. Jones）主要侵染草木樨属，但有交叉侵染的状况发生，这几种病原菌在形态上难以区别。

三、病害发生规律

病原菌以菌丝在感病茎秆上越冬，当次年温度达到 24~28℃，相对湿度接近 100%时，即产生大量分生孢子，当植株高达 10cm 以上，并形成较为稠密冠层后，其下部叶片间便常有上述环境条件出现。持续接近 100% 的相对湿度，是大量产孢以及孢子萌发和侵染的必要条件。分生孢子在叶片和茎秆上产生，借风力、雨水飞溅传播。病害发生、发展的适宜温度一般为 24~28℃，在感病品种上，侵染后 96 小时内，病斑即可出现。接种后 5 天内，子座在气孔下室、表皮和栅栏组织、或海绵状的薄壁组织间形成，分生孢子梗从这些子座上通过病斑中部的气孔，或直接通过表皮长出。通常第二茬、第三茬牧草发病较重。偶尔种子带菌，但不是主要的传播方式。

四、病害分布及为害

苜蓿尾孢叶斑病（夏季黑茎病）在亚洲中东部、欧洲南部、非洲、南美洲和北美洲热而潮湿的地区或季节均有流行。我国吉林、辽宁、内蒙古、甘肃、新疆、贵州、江苏、广东等省区有报道发生。苜蓿尾孢叶斑病常与其他茎叶病害混合发生，目前没有单独针对该病害进行的损失评定相关研究和报道。

第十二节　苜蓿匍柄霉叶斑病

一、症状及识别要点

症状：

匍柄霉叶斑病有两种不同类型的病斑，一种是高温型（W-T）病斑，另一种是低温型（C-T）病斑。有高温生物型引起的病斑卵圆形，略凹陷，淡褐色，向边缘呈扩散状暗褐色环带，病斑外围有一淡黄色晕圈，随病斑扩大，出现同心环纹，并可占据一片小叶的大部分（图71）。病害严重时，最终可引起叶片变黄提早脱落。这个类型也可使茎部变黑。而低温型病斑淡黄褐色，形状稍不规则，带有轮廓明显的暗褐色边缘，病斑大小很少超过3~4mm，一旦边缘出现即不再扩大（图69，图70），孢子形成被限于淡褐色病斑内部。由低温生物型病原引起的病害严重时，导致牧草品质下降，但很少引起提早落叶。两种类型的病斑上均产生黑色霉层，为其分生孢子梗和分生孢子，其分生孢子有纵横交错的隔膜，黑褐色（图72）。

识别要点：

病斑多出现在叶片边缘，不规则的一片，边缘不整齐，或病斑出现在叶片内，形成大斑，病斑边缘整齐，黑色；病斑上黑色霉层稀疏，以至于通常肉眼观察不到霉层。

图69　苜蓿匍柄霉叶斑病在田间症状

图 70　苜蓿匍柄霉叶斑病典型症状

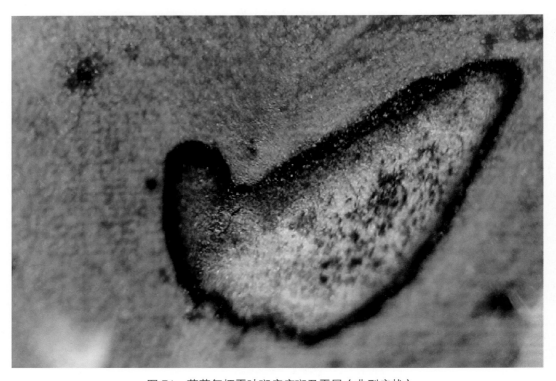

图 71　苜蓿匍柄霉叶斑病病斑及霉层（典型症状）

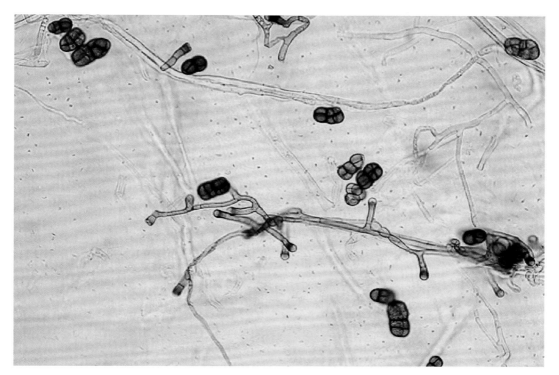

图 72　苜蓿匍柄霉叶斑病的病原

二、病原物与寄主范围

苜蓿匍柄霉叶斑病的病原有匍柄霉（*Stemphyllium botryosum* Wallr.）、枯叶匍柄霉（*S. herbarum* E. Simmons）、苜蓿匍柄霉（*S. alfalfa* E. Simmons）、球孢匍柄霉 [*S. globuliferum* (Vestergr.) E. Simmons] 和囊状匍柄霉复合种 [*S. vesicarium* (Wallr.) E. Simmons]。该类病原物主要寄生于苜蓿、南苜蓿、天蓝苜蓿、红三叶、小扁豆等植物上。

1. 匍柄霉

该菌的无性阶段的分生孢子大小为（33~35）μm×（24~26）μm，充分发育的分生孢子具 3 个横隔，2~3 个纵隔，纵横隔交叉呈直角，中间横隔处明显缢缩，淡黄褐色，有较深的黄褐色分隔，表面密生小刺，内部的分隔不太明显，基部常有一个大的孢痕。培养基上产生的孢子轮廓和分隔通常不太对称。该菌的有性阶段为迟熟格孢腔菌（*Pleospora tarda* E. Simmons），子囊壳坚硬，壁厚，直径接近 1mm，成熟的子囊孢子约 17μm×40μm，顶端宽圆，基部较平，7 个横隔，1~2 个纵隔，黄褐色。

2. 枯叶匍柄霉

该菌无性阶段的分生孢子最初长形、卵圆形到扁球形，无色，具小疣突，后期卵圆形至宽椭圆形，常有略不匀称、明显而大量的疣状突起，可达6~7个横隔，每个横隔间有1~3个纵隔，1~3个横隔处明显缢缩，淡黄褐色至稍深的红褐色，大小（35~45）μm×（20~27）μm，形态上类似匍柄霉，两者的区别在于枯叶匍柄霉孢子有较多的分隔。该菌的有性阶段为枯叶格孢腔菌 [P. herbarum (Fr.) Rabenh.]，子囊直径约250~300μm，壁薄。人工培养时一个月就能形成并产生成熟的子囊，成熟的子囊孢子大小（32~35）μm×（13~15）μm，淡褐色，倒卵形，有7个横隔，1个纵隔穿越大多数横隔。

3. 苜蓿匍柄霉

该菌的分生孢子的形状有近圆柱形和宽卵圆形，最初半透明，壁上有小疣，成熟时变暗，隔和疣褐色。近圆柱形的分生孢子有2~3个初生的横隔，在最初的每个分生孢子横隔间又有次生横隔和纵隔，孢子大小为（30~40）μm×（12~15）μm（最大近45μm×18μm）；宽卵圆形的分生孢子有一个中部横隔缢缩，加上各类型的横纵和歪斜的次生隔，大小为（32~35）μm×（16~19）μm。该菌的有性阶段为苜蓿格孢腔菌（*P. alfalfa* E. Simmons），子囊座直径约600μm，壁薄，扁球形，发育成熟的子囊孢子椭圆形或水滴形，呈黄褐色，38μm×12μm，最大可达40μm×15μm，有5~8个横隔，1~3个纵隔。人工培养下4~5天产生大量子囊座，3周时产生成熟的子囊。

4. 球孢匍柄霉

该菌无性时期的分生孢子宽卵圆形至近球形，在发病植株上其孢子大小为（28~30）μm×（25~28）μm，发育完全的孢子有1~3个横隔，但在人工培养条件下孢子较小，（27~30）μm×（18~20）μm，纵隔数减小，颜色较深。其有性阶段为未定种格孢腔菌（*Pleospora* sp.），子囊壳壁薄，直径约500μm，成熟的子囊孢子椭圆形或水滴形，40μm×15μm，横隔7个，连续纵隔1个。在人工培养的条件下，产生成熟的子囊孢子需3个月。该种成熟的分生孢子在形态、分隔方面与匍柄霉和束状匍柄霉 [*S. sarciniforme* (Cavara) Wiltshire] 相似，易混淆，与匍柄霉的区别为：该种的分生孢子较小、较暗，乳头状疣突较密，隔膜也较淡，隔膜轮廓清晰可见，而匍柄霉的分生孢子较大，较明亮，乳头状疣突较稀疏，隔膜颜色也较深；与束状匍柄霉的区别为：该种的分生孢子密布疣突，而束状匍柄霉的分生孢子表面光滑无疣突。

5. 囊状匍柄霉复合种

该菌充分发育的孢子大小为（39~43）μm×（19~20）μm，成熟的子囊孢子的大小为（32~39）μm×（14~16）μm。该菌种在不同寄主和不同地区的形态特征存在一些差异，如在其他科植物的寄主上，其分生孢子的长宽比为2~3:1，而在豆科的苜蓿上则比此更宽；且在南非和澳大利亚苜蓿上的分生孢子也有差异。

三、病害发生规律

1.病原菌来源及传播途径

苜蓿匍柄霉叶斑病以菌丝、子囊孢子、分生孢子及子座在病株或病残体及种子上越冬。当温度、湿度适宜时，次年生长季节，分生孢子借风力、雨水、灌溉水及其他农事操作进行传播和蔓延，最终导致病害的发生和流行。

2.侵染途径

苜蓿匍柄霉病原菌可以直接由气孔侵入，同时匍柄霉属病原菌还能产生毒素，加重寄主的感病程度。病原菌也可由表皮穿入叶片，但在适宜条件下病原菌由从气孔侵入的频率远大于由表皮侵入的频率，该病原菌从气孔侵入是否成功，受寄主和环境条件的影响，当寄主和环境条件有利于病原菌时，病原菌侵入的机会就加大。一旦病原菌进入植物体内，菌丝体就会从周围的细胞吸收水分和营养物质从而开始萌发、伸长，引起组织变为褐色并死亡，寄主表面出现病斑。

3.流行特点

高温高湿有利于苜蓿匍柄霉叶斑病的发生和流行，故夏末和秋初发病较严重。苜蓿匍柄霉叶斑病有低温病害与高温病害之分，所以温度对该病的发病程度有重要影响。有报道，美国加利福尼亚的低温型地带，此病20℃或低于20℃时才发生，而在东部的高温型地带，此病在23~27℃下才能发生并严重为害苜蓿，在温度低于16℃的条件下不引起病害。因此，早春在10~20℃的温度条件下，有利于低温型病害的发生和流行。而在加利福尼亚潮湿的沿海地带，病害全年都会发生。又如，在澳大利亚的昆士兰由囊状匍柄霉引起的叶斑病，只在较冷凉的月份发生，主要为害不休眠型的苜蓿，当日温20℃，夜温15℃时病害发生严重，当日温25℃，夜温20℃时病害停止发展。

4.与环境因素的关系

寄主感病是一个非常复杂的过程，会受到环境的交互影响。分生孢子萌发时期的湿度非常重要，湿润条件下的发病率会显著增加。叶片湿润的时间连续超过24小时，该病害发病严重并引起减产，春季干旱温暖，随后又有雾天和雨天时，该病害最容易发生。高温条件适宜分生孢子的萌发。在可控制的条件下，分生孢子萌发的最佳温度为25~30℃。

四、病害分布及为害

苜蓿匍柄霉叶斑病广泛发生在澳大利亚、新西兰和美国，非洲和欧洲也有报道。在我国吉林、内蒙古、甘肃、新疆、宁夏、贵州等省区有发生。苜蓿感染匍柄霉叶斑病后，植株体内香豆醇含量显著增加，香豆素可抑制蛋白质和核酸的合成，严重影响苜蓿的生长。匍柄霉叶斑病可使苜蓿荚果生长期缩短，结荚数及荚果内种子粒数均显著减少，花序严重感染后，荚果发育不全乃至不结实，最终导致产种量仅为健株的30%~50%，且发芽率降低30%以上。苜蓿匍柄霉叶斑病主要造成落叶，影响牧草产量和品质。在田间发生的苜蓿匍柄霉叶斑病能够造成较严重的经济损失，但因该病害常与其他叶病伴随发生，并没有统一的经济损失具体估算。

第十三节　苜蓿壳针孢叶斑病

一、症状及识别要点

症状：

病斑主要发生于叶片上，开始为近圆形的褐色小斑（图73），以后随病斑扩大，逐渐变为灰白色至近白色叶斑，具轮纹，形状呈不规则圆形，大小2~4mm（图75，图76）。病斑上有不整齐的褐色环纹（图74，图77），散生许多黑褐色小点，即病原菌的分生孢子器（图78）。分生孢子器叶两面生，散生，初埋生，后突破表皮，扁球形至近球形（图79）。分生孢子细长，分隔，无色（图80）。

识别要点：

病斑在叶片上分布比较均匀，初褐色小点，后逐渐扩大为大斑，边缘加厚，中心有轮纹。

二、病原物与寄主范围

苜蓿壳针孢（*Septoria medicaginis* Rob. et Desm.），分生孢子器叶两面生，散生，初埋生，后突破表皮，扁球形或近球形，壁褐色，膜质，直径60~330μm。发生孢子针状至鞭形，无色，微弯，一般2~15个隔膜，大小（50~130）μm×（2~3）μm，基部近截形，顶端略钝。

三、病害发生规律

病原菌以菌丝或分生孢子在脱落的病叶上的分生孢子器中越冬。次年春季，苜蓿返青后遇到适宜的温、湿度条件，即可先侵染植株下部叶片，以后通过田间多次再侵染，病害逐渐向植株上部蔓延。

四、病害分布及为害

苜蓿壳针孢叶斑病在苏联时期曾有报道，世界范围内报道不多。我国在新疆、甘肃、宁夏、内蒙古、吉林、黑龙江等地均有发生，但整体发病率较低，为害程度较轻。在气候较寒冷的内蒙古锡林浩特地区，常见此病害发生，其为害情况与褐斑病相近，是

图 73　苜蓿壳针孢叶斑病发病初期症状

图 74　苜蓿壳针孢叶斑病发病后期症状（典型症状，甘肃）

图 75　苜蓿壳针孢叶斑病发病后期叶片背面症状

图 76　苜蓿壳针孢叶斑病发病后期症状（典型症状）特性

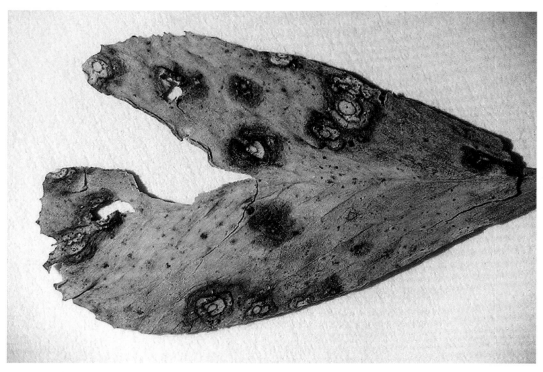

图 77　苜蓿壳针孢叶斑病发病后期症状（典型症状，云南）

图78 苜蓿壳针孢叶斑病在茎上发病症状（左到右，为害加重，甘肃）

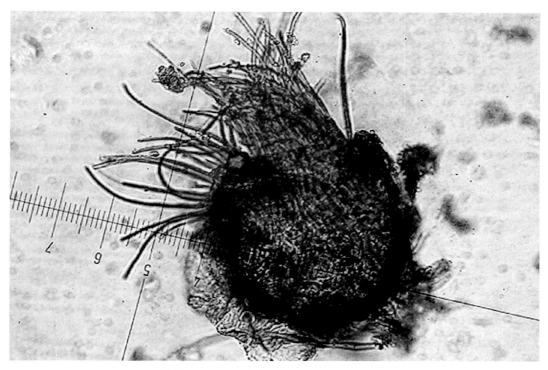

图 79　苜蓿壳针孢叶斑病的病原（分生孢子器和分生孢子）

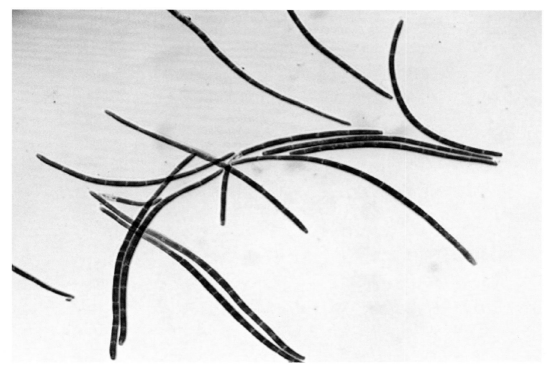

图 80　苜蓿壳针孢叶斑病的病原（分生孢子）

当地最主要的苜蓿叶斑病。在甘肃静宁、会宁、西峰等地区有时发病情况也较为严重。

第十四节　苜蓿柱格孢叶斑病

一、症状及识别要点

症状：

病斑主要发生于叶片上，圆形、近圆形，前期白色至灰白色，具有明显的褐色边缘，病斑直径大小 2~5mm。叶片正反两面的病斑上均有淡粉红色的霉层，霉层粗糙，似颗粒状突起，在叶片背面上最为明显，此霉层即病原菌的分生孢子梗和分生孢子。病害发生后期，在叶片背部的病斑周围，靠健康组织的部位，出现由许多黑色小颗粒构成的近圆形环带，有时小颗粒几乎占据此病斑的绝大部分，这些小颗粒是一种类似菌核的结构。

识别要点：

较大的病斑，霉层厚密，似颗粒，淡粉红色。

二、病原物与寄主范围

苜蓿柱格孢（*Ramularia medicaginis*）子实体叶背生，子座发达，直径 40~85μm，淡褐色；分生孢子梗 14~28 根丛生，无色，无隔，不分枝，直立，上部常曲膝状弯曲，具 1~4 个孢痕疤，（15~50）μm×（3~4）μm；分生孢子卵圆形、短圆柱形，一端钝圆一端稍细，直立或稍弯，链生或单生，无色，0~3 个隔膜，具孢脐，大小（5~30）μm×（4~6）μm。

三、病害发生规律

夏末初秋天气稍凉但湿度大的环境，有利于苜蓿柱格孢叶斑病发生。该病害目前研究较少。

四、病害分布及为害

该病害 1987 年首次发现于甘肃静宁、榆中等县，虽然发生不普遍，但个别地块发病较重，带来一定的经济损失。国外报道仅苏联发生过。

第十五节　苜蓿细菌性茎疫病

一、症状及识别要点

症状：

细菌性茎疫病常发生于早春直至第一个收获期，通常在茎的第五节以下发病。感病的植株矮化，枝条较健株稍短、细弱、脆而易折。茎部的病斑前期黄绿色至橄绿色，水渍状，通常发生于叶片的着生点附近，然后沿茎的一侧向下扩展1~3个节间。侵染多发生在茎下部的3~5节间。后期病斑由琥珀色变为黑色，有闪光的菌膜（变干的细菌渗出物）。病原菌不侵染维管组织。病株叶片水渍状，小叶基部、沿中脉特别是小叶柄等处变成淡黄色。茎上感染部位的叶片变黄、干枯。细菌渗出物可出现在叶表面，与病处接触可使叶片褪色且死亡。

识别要点：

病斑出现在茎下段，黄色至黑色，后期发亮，如胶水变干一样。

二、病原物与寄主范围

丁香假单胞杆菌（*Pseudomonas syringae* pv. *syringae* Van Hall），此菌为革兰氏阴性杆菌，没有菌柄也没有鞘。不产生芽孢，以数根鞭毛运动。需氧，进行严格的呼吸型代谢，以氧为最终电子受体。不产生黄单胞菌素。两端圆形，（1~3）μm×（0.5~1）μm，每端有1~4根鞭毛，可以游动。单生，对生，也可形成长链。可产生荚膜，严格好气细菌。菌落在培养基上呈圆形，边缘光滑，微隆起，灰白色，闪亮半透明。产生绿色的荧光色素，逐渐扩展到培养基中。该菌生长的适宜温度为27~30℃，最高37℃，最低0℃，致死温度为49~52℃。该细菌主要寄生于天蓝苜蓿、豌豆、扁豆（*Lablab purpureus*）、香豌豆（*Lathyrus odoratus*）、野豌豆等植物上。

三、病害发生规律

病原菌存活在土壤内植物残体中，病株残体和带菌的种子是该病侵染主要来源。病原菌侵入主要通过霜害造成的表皮裂缝。若有利条件存在，田间病害将进一步扩展，如春、秋两季冷湿的气候条件，特别是霜冻有利于病害的发展。丁香假单胞杆菌是冰核活性菌，它也促进霜害的发生。虽然这种病原细菌的传播也可发生于刈割期间，但病害通常只发生在第一茬草上。

四、病害分布及为害

苜蓿细菌性茎疫病于1904年首先在美国发现。澳大利亚、英国、俄罗斯和南斯拉夫等国家有发生报道。该病害在我国主要分布于东北地区和西北地区。一般情况下并未产生严重灾害，但在适合发病条件时，也可使苜蓿减产40%~50%。

第十六节　苜蓿病毒病

一、症状及识别要点

症状：

症状类型较多，其中以花叶症状为主，其次为斑驳症状等。花叶即叶片局部褪绿变黄，以黄化为主，在春秋季冷凉气候条件下多发生，而在夏季高温时较少发生，主要发生于枝条顶端的幼嫩叶片上，故在田间易观察到（图81）。斑驳为叶片上出现黄绿交替的条带（图82），或叶脉绿色而叶肉变黄（图83，图84）。

图81　苜蓿病毒病在田间的分布

图 82　苜蓿病毒病在植株上特征

图 83　苜蓿病毒病在叶片上的症状（花叶）

图 84　苜蓿病毒病的症状（斑驳，棕色病斑不是病毒病）

识别要点：

叶片颜色出现浓淡差异，以幼嫩的顶部叶片最常见。

二、病原物与寄主范围

苜蓿花叶病毒（缩写：AMV，*Alfalfa Mosaic Virus*）。该病毒的编码程式为：R/1:1.3+1.1+0.9/18:U/U:S/AP。病毒由多成分粒体组成。长形或杆菌状的，直径 18μm，长度分别为：58μm（下层组分）、49μm（中层组分）、38μm（上层 b 组分）、29μm（上层 a 组分）；另一种为近球形体，直径为 18~20μm。单链 RNA 总含量为 18%。该病毒的致死温度为 60~65℃；稀释限点为 10^{-5}~10^{-3}；体外存活期 2~4 天。

除苜蓿属外，还能够引起三叶草属、野豌豆属、羽扇豆属、草木樨属及香豌豆、鹰嘴豆等多种豆科牧草以及豌豆、蚕豆、菜豆、豇豆（*Vigna sinensis*）等在内的 51 科 430 余种栽培或野生双子叶植物的病害，其中，菜豆、豇豆、蚕豆、豌豆、苋色藜（*Chenopodium amaranticolor*）、昆诺藜（*C. quinoa*）、及普通烟（*Nicotiana tabacum*）为鉴别寄主。

三、病害发生规律

苜蓿花叶病毒通过种子、蚜虫、汁液、花粉等传播，其中种子传播可实现远距离传播。病毒在苜蓿种子内至少存活 10 年，种子带毒率为 0%~10%（前南斯拉夫有报道为 17%），一般为 2%~4%。近距离传播主要由蚜虫、花粉及一些机具（实质为机械上粘的植物汁液）传播，其中最主要的传播途径中，棉蚜（*Aphis gossylii*）、苜蓿蚜（*A. medicaginis*）、豆卫茅蚜（*A. fabae* =*A. rumicis*）、豆长管蚜（*Macrosiphum pisi*）、马铃薯长管蚜（*M. solanifolii*= *M. euphorbiae*）、桃蚜（*Myzus persicae*）等 14 种蚜虫可传播此病毒病；在北美，豌豆无网长管蚜（*Acyrthosiphon pisum*）和蓝苜蓿蚜（*Acyrthosiphon kondoi*）是常见的传毒蚜虫。温室研究表明，最初病毒感染率为 11%，经 10 个月 9 次刈割后，病株率急剧增加到 91%。植株的带毒率的高低受病毒株系、苜蓿遗传型和种子生产期间的环境因素等影响。

四、分布及为害

苜蓿病毒病由多种病毒引致的一类病害，其中花叶病最早报道于 1931 年，现发生于世界各地。苜蓿病毒病在我国各地的发病率不同，发病严重时叶和叶柄扭曲变形，植株矮化，其造成产量损失的大小与病毒株系、苜蓿遗传型、温度、土壤、环境因素等有关，苜蓿植株感染病毒病后生长逐渐衰弱，易受冻或受旱后损失增加。苜蓿花叶病毒由蚜虫从苜蓿传给豌豆、番茄（*Solanum lycopersicum*）等其他易感植物，造成的为害也很大。

第五章

苜蓿主要病害防治技术

我国的植物保护方针为：预防为主，综合防治。

这个方针不仅适合于植物也适合于对人体的保健。推而广之，防患于未然是人类对待所有有害事物的理性态度。

植物病虫害的综合防治包括合理农业手段和技术，使用农药等化学试剂，利用有益生物等。苜蓿病的治理重在预防，通过预防减少苜蓿病的发生，减轻苜蓿的受害程度。除了试验田和种子田之外，生产田极少采用杀菌剂等化学防治方法。由于苜蓿生长季节每隔 2 个月左右刈割一次，通过刈割即可终止病的继续为害。

第一节　选地选种

播前准备可以总结为：把适合的种子播种在适合地区及适合的土壤中。

一、选适合地区

苜蓿适宜于暖温带、北亚热带地区及长江流域种植，其中在我国西北、东北、华北地区种植的历史久远，在四川、福建等也可种植。但苜蓿有休眠特性，在海南等热带地区种植有一定风险，甘肃、内蒙古等地休眠级高于 4 级以上者，播种当年的越冬率较低。

二、选合适的土壤

苜蓿适宜于土壤酸碱度在中性的土壤，而不耐酸性，故不适宜云贵高原等地的砖红壤、赤红壤、红壤、黄壤和燥红土等酸性土壤中。苜蓿也不耐盐碱，故也不适宜栽种于盐碱土地。

三、选适合的地块

苜蓿不耐水淹，故应选择排水良好的土壤。如果土壤盐碱度较高，也注意不应播种在低洼处。

四、选择适合的品种

苜蓿的不同品种从外观上并无明显差异，但长起来后就不同了，如叶片大小、颜色可能不同，更重要的是有的品种抗旱，有的不抗旱，有的抗寒，有的不抗寒，有的抗病，有的却不抗病，产量和品质的差异就明显了，因此，种植苜蓿之前选择优良品种的合格种子就十分重要。

不同品种的生物学特性、生产性能和抗逆性差异较大，应选择适合当地气候和土壤环境的品种。

在苜蓿的生物学特性中休眠特性是选择品种时首先应关注的特性。

北美洲是世界苜蓿生产最大的区域，其主要生产区域在北纬35°~45°。在美国东部，湿润地有4个苜蓿生产带，这个区域的年降水量在406~430mm。在非湿润地区有3个苜蓿生产带，主要分布在美国的大平原、山间地带和西南部，其耕作制度主要依靠旱作和灌溉。美国将苜蓿品种划分为11个休眠级别：极休眠（1）、休眠（2）、一般休眠（3）、半休眠（4、5、6）、一般不休眠（7）、不休眠（8）、极不休眠（≥9）。休眠级为1级的品种抗寒能力最强；而休眠级9的品种冬季生长活跃，抗寒能力最差。美国农业部农研局LOSOA/ARS曾颁发了一个植物抗寒性区划地图，将全美划分为10个气候区，根据苜蓿的休眠性指标，非休眠品种最适宜种植区是第8~9区，半休眠品种是第5、6、7区，休眠品种是第2、3、4、5区。第1区和第10区均因气温过高或过低，无适宜品种。这样就为全美范围的苜蓿引种和种植提供了一个较为科学合理的依据。

在我国，内蒙古高原区、东北北部和新疆北部地区，以休眠级1~3级的冬季休眠型的耐寒品种为主，适宜的品种有北极熊等；黄淮海地区和黄土高原温暖半干旱区及东北地区南部和新疆南部，以休眠级4~5级的品种为主，适宜的品种有雷霆和前景等，长江中下游、西南地区等南方地区以休眠级为7~9级的品种为主，适宜的品种有精英等。有报道在海南栽培非休眠级的WL525HQ、WL903等品种生长良好。

苜蓿的抗逆性包括抗寒性、抗旱性、抗病性、抗虫性、耐盐性等，其中抗病性是最值得关注的特性。当然一个品种不可能面面俱到，十全十美，毫无瑕疵，各种的抗逆性都出众，应根据当地生产上可能存在的最大问题选择主要的抗性类型。

国外选育的苜蓿品种均有对各种重要病害的抗性级别（附件1）。而我国选育出的苜蓿品种中，除兰1号抗霜霉病之外，其余品种均缺乏抗病性级别。

在苜蓿病害的多种防治措施中选用抗病品种是最经济有效的途径，也就是说，如果种植了抵抗某一种或某几种病害较强的苜蓿品种，那么，在播种后由于本身抗病而发病少，从而可以获得高产、优质，同时由于病害发生少，不需要防治，从而减少了防治病害的资金投入，可获得更大的生产收益（收益金额＝销售收入－生产成本，其中生产成本包括土地、种子、化肥、农药、机械损坏、燃油、人工费等所有投入的总和）。相反，如果播种的品种本身不抗病，从播种到生长过程可能发病多而严重。

在我国种子市场销售的苜蓿种子有的来自从国外，有的来自国内，品种繁多，价格各异，较难选择。选择品种时应注意以下几个方面：

不选来路不明的种子，这些种子涉嫌假冒伪劣种子（未正式登记，出现问题后无法追查责任）；不选择收种年份不明的种子，年份长的发芽率低，种子活力低，出苗后苗不壮实；不选价格极低的种子，一分钱一分货，贪图便宜的种子可能存在隐患；不选在本地没有栽种过的品种种子，而应选择在当地已种植了多年，表现尚可的品种种子。种子的纯净度和发芽率应均在80%以上。

第二节　播前准备

一、平整土地

苜蓿种子细小，幼芽细弱，顶土力差，整地必须精细，要求地面平整，土块细碎，无杂草，墒情好。苜蓿根系发达，入土深，对播种地要深翻，才能使根部充分发育。用作播种苜蓿的土地，要于上年前作收获后，即进行浅耕灭茬，再深翻，冬春季节做好耙糖、镇压蓄水保墒工作。水浇地要灌足冬水，播种前，再行浅耕或耙耢整地，结合深翻或播种前浅耕。土壤墒情不好时，播前对土壤镇压一次。

二、施足底肥

每亩施有机肥1 500~2 500kg，过磷酸钙20~30kg为底肥。有测试土壤肥力条件者，进行测土施肥，提高肥力利用效率，节省投入成本。

三、确定播种时间

苜蓿在春季和秋季保重均可，春季顶凌播种出苗、生长均好；秋季播种杂草少，水分充足，建植效果好。但注意播种时间不能离霜降到来的时间太短，通常在45天以上，否则易在冬季受冻。

四、杀菌剂拌种

用杀菌剂拌种可减少苗期病的发生，有利于出苗齐，获得较好的建植效果。杀菌剂以 50% 硫菌灵可湿性粉剂 1 000 倍液浸种 4~5 小时，或利用福美双、多菌灵、氯化苦等，利用甲基硫菌灵和福美双拌种可提高发芽率最高达 14.8%，降低死苗率 60%。

第三节　播种及播后管理

一、浅播

条播适当深一些，撒播则适当浅。一般播深在 1.2~2cm（沙质土 2~3cm）。注意不要过深过浅，否则出苗弱。

二、适当的播种密度

播种量 1~1.2kg/ 亩，每平方米保苗 400 株左右。

三、播种时施肥

当土地肥力差时，播种时施入硝酸铵等速效氮肥，促进幼苗生长。

四、出苗期防板结

播种至出苗前如遇雨土壤板结，要及时除板结层，以利出苗。

五、出苗后管理

1. 除草

俗语曰"有苗不愁长"说的是只有种子出苗了，出苗后肯定能长起来，这是自然而然的事情，但苗期生长十分缓慢，易受杂草为害，应中耕除草 1~2 次。

2. 合理刈割

第一年播种的苜蓿，在生长季结束前刈割利用一次，如果植株高度达不到利用程度时，应不刈割留苗过冬。

二龄以上的苜蓿每年可刈割 2~3 次，其中前两茬的产量约占全年总产量的 70%，且品质优良，商品性好。2 茬生长正值夏季，气温高，湿度大，生长期短，但容易发生病虫草害。适时收获，防止雨季霉烂，第 2 茬收获时正值雨季，为了防止霉烂，尽可能选择晴好天气适时收割。如果雨天较多，可在苜蓿开花期前后提前或错后刈割。最后一次刈割留茬高度 3~5cm，但干旱和寒冷地区秋季最后一次刈割留茬高度应为 7~8cm，以保持根部养分和利于冬季积雪，对越冬和春季萌生有良好的作用。秋季最后一次刈割应在生长季结束前 20~30 天结束，过迟不利于植株根部和根茎部营养物质积累。

3. 合理灌水施肥

苜蓿是耗水和耗费很多的植物，要获得苜蓿的高产，必须加大水肥。苜蓿生长年限长，年刈割利用次数多，从土壤中吸收的养分亦多。返青期如果没有进行追肥的地块，第 1 茬苜蓿收割后要结合浇水及时进行追肥，一般每亩追施苜蓿专用肥 20~30kg。苜蓿每亩每年吸收的养分，氮为 13.3kg，磷 4.3kg，钾 16.7kg。氮和磷比小麦多 1~2 倍，钾多 3 倍。每次刈割后要进行追肥，每亩需过磷酸钙 10~20kg 或磷二铵 4~6kg。

我国大部分地区在 5 月份时降水较多，土壤墒情普遍较好，各地要根据土壤含水量情况适当补水。如果 0~20cm 土壤层内含水量低于 10%，要适当浇灌，但水量不宜太大，喷灌约 4~6 小时即可。苜蓿第 2 茬生长期短，要想获得更高的产量和品质，需要比第 1 茬有更多的营养积累。每次刈割后也要耙地追肥，灌区结合灌水追肥，入冬时要灌足冬水。

4. 松土耕地

每年春季萌生前，清理田间留茬，并进行耕地保墒，秋季最后一次刈割和收种后，要松土追肥。

5. 严禁放牧

苜蓿第 1 茬收割后，新叶及嫩芽的数量对苜蓿的产量起决定性的作用，此间如果遭到牲畜的践踏或啃食将对苜蓿的后期生长造成严重影响，甚至导致成片死亡，在冬季植株休眠，茎基部、根颈部和主根的生长发育并未完全停止，而且茎基部和根颈部是越冬后新芽萌发的主要部位，如果放牧时家畜践踏，可导致越冬后返青困难甚至植株死亡，故苜蓿草地应严禁放牧。

容易发生的病害主要有菌核病和炭疽病，虫害主要有蓟马和蚜虫等；杂草的生长及为害程度较轻，但要密切注意病害及虫害的发生。防治病虫害可选择以下方法：菌核病可选用 50% 腐霉利可湿性粉剂 60g/亩防治，炭疽病可选用 10% 世高可湿性粉剂 60g/亩防治，蓟马、蚜虫可选用 5% 高效氯氰菊酯乳油 2 000 倍液、10% 吡虫啉乳油 2 000 倍液防治。

第四节　防治病害措施

一、常用防治病害措施

1. 清除病残体

田间因发病干枯的枝叶和死亡的植株均应清出草地，如果把病残体留在田里则可造成病原物的积累与传播，造成更大为害。研究发现在堆积过刈割草的草地上发生的病害种类多，为害重，故应把刈割后脱落的叶片和枝条清理收集利用或填埋。

2. 喷洒杀菌剂

当田间发生叶部病害有可能在下次刈割前导致严重为害时，可喷洒杀菌剂，在具备喷灌条件的草地可将杀菌剂加在喷灌用水中进行。苜蓿褐斑病可采用 75% 百菌清可湿性粉剂、50% 多菌灵可湿性粉剂、70% 代森锰锌可湿性粉剂、70% 甲基硫菌灵可湿性粉剂、50% 异菌脲可湿性粉剂、20% 三唑酮可湿性粉剂对苜蓿褐斑病均有一定防效，平均防治效果达 87.5%，病害损失率减少 25%，其中 75% 百菌清可湿性粉剂（每 $667m^2$ 用量 110g）的防治效果最好，其次是 20% 三唑酮可湿性粉剂（每 $667m^2$ 用量 40g）和 50% 多菌灵（每 $667m^2$ 用量 100g），3 种药剂的防治效果分别为 95%、90% 和 89%。苜蓿锈病可用代森锰锌、萎锈灵、氧化萎锈灵、三唑酮、福美双、戊唑醇、氟硅唑、代森锌、百菌清、甲基硫菌灵、烯唑醇等可湿性粉剂喷雾。防治苜蓿霜霉病可用 90% 三乙膦酸铝防效达 90.9%，15% 三唑酮防效达 62.4%。用 25% 瑞毒霉可湿性粉剂按照种子重量的 0.2%~0.3%、50% 多菌灵可湿性粉剂按照种子重量的 0.4%~0.5% 拌种；发病初期或发病中心用 25% 瑞毒霉可湿性粉剂 600~800 倍液、40% 三乙膦酸铝可湿性粉剂 300~400 倍液等喷洒已有较好的防治效果；田间试验表明，90% 三乙膦酸铝可湿性粉剂防效达 90.9%，15% 三唑酮可湿性粉剂防效达 62.4%。

3. 杀菌剂灌根

根颈与根病和茎基部病害可用杀菌剂灌根。如蝼蛄、蛴螬、金针虫等地下害虫发生数量大时可在药剂中加入杀虫剂。

4. 除草防病

一些杂草上的病害来自苜蓿生长周围的杂草，如苜蓿锈病来自乳浆大戟，故除草有利于减少病害的发生与为害。此外，除草也有利于减少苜蓿草地中害虫的发生。

5. 杀虫防病

害虫发生时苜蓿的抗逆性降低，病害多发、重发，此外，一些害虫携带并传播苜蓿的某些病害，如苜蓿病毒病多由蚜虫、飞虱、叶蝉等刺吸式口器的害虫传播，故降低苜蓿草地中的害虫可直接或间接减少病害发生。可将杀虫剂加到喷灌用水中施用。

二、特殊病害防治措施

1. 检疫性病害的防治措施

如发生检疫性病害，首先应上报到当地草业或农业主管部门，由政府相关部门采取如下措施进行封杀。

调查检疫性病害的发生范围，划定疫区。

彻底铲除发病草田，销毁全部茎叶。

用灭生性农药喷洒草地，深翻草地，挖出根并销毁。

召回在此疫区生产的全部草料及种子，集中销毁。

我国苜蓿的检疫性病害有：苜蓿黄萎病、苜蓿细菌性萎蔫病菌，此外有菟丝子、列当等寄生性种子植物（或杂草）。

2. 种子田和试验田防病措施

如果试验田发生病害，则会影响研究结果，故对病害发生的容忍程度很低，而生产田则可容忍病害的少量发生。试验田苜蓿可在植株返青后每隔1~2周喷洒一次杀菌剂，发生地下害虫和叶部害虫时也应定期喷洒农药加以严格控制病虫害。

种子田与生产田不同之处为：种子田自返青至收种期间不刈割，因而病虫害持续发生，由于苜蓿上病虫害种类多，如果不进行早期防治，则在开花前后大量叶片会脱落，将对种子产量和种子品质产生较大不良影响。因此，对种子田也应不定期防治病虫害，防治措施同试验田。

注：苜蓿登记的杀虫剂、杀菌剂种类极少，按我国农药使用规范，在苜蓿上未登记农药不能使用。

附：国外苜蓿品种的抗病性级别一览表

序号	品种	售种公司	休眠级	越冬指数	细菌凋萎病	黄萎病	枯萎病	炭疽病	疫霉根腐病	丝囊根腐病1代	丝囊根腐病2代	苜蓿斑翅蚜	豌豆无网长管蚜	蓝苜蓿蚜虫	马铃薯叶蝉	茎线虫	南方根结线虫	北方根结线虫	多叶率	持久耐牧性	抗倒伏性	耐盐性	品种类型
1	2010	BrettYoung	2	2	HR	HR	HR	HR	HR	R													
2	3010	BrettYoung	2	2	HR	HR	HR	HR	HR	HR	MR					R	R	HR					
3	Arrowhead II	Tri-West	2	2	HR	HR	HR	HR	HR	HR						HR	R	HR					
4	FSG 229CR	Farm Science	2	2	HR	HR	HR	HR	HR	R					MR	R		HR					
5	Ladak II	Allied	2	2	HR	MR	HR	MR	R						R	R		HR					
6	PGI 212	Producer's Choice	2	1	HR	HR	HR	HR	HR	HR				R	R	MR		HR	M				
7	PGI 215	Producer's Choice	2	2	HR	HR	HR	HR	HR	R				R	MR								
8	Spredor 5	Nexgrow Alfalfa	2	1	HR	HR	HR	HR	HR	HR				R								G	
9	Spyder	BrettYoung	2		HR	R	HR	R	R	R		MR		R									
10	6305Q	Nexgrow Alfalfa	3	1	HR	HR	HR	HR	HR	HR	HR				R			H				
11	AmeriStand 433T RR	America's Alfalfa	3	2	HR	R	R	HR	HR	HR			R	R					Y			R
12	Concept	BrettYoung	3		HR	HR	HR	HR	HR	HR			R	R	R							
13	DryLand	Tri-West	3	2	HR	LR	HR	MR	HR	S					MR		MR					
14	FSG 329	Farm Science	3		HR	HR	HR	HR	HR	HR				R	HR		HR	L				
15	Graze N Hay 3.10RR	Croplan	3	2	HR	HR	HR	HR	HR	HR				R								R
16	Lariat	J.R. Simplot	3	1	HR	HR	HR	HR	HR	HR	HR				R		R	H				
17	LegenDairy 5.0	Croplan	3	1	HR	HR	HR	HR	HR	HR			R	R	MR		R	H				
18	LegenDairy XHD	Croplan	3	1	HR	HR	HR	HR	HR	HR			R	HR	R			H		G	
19	MagnaGraze II	Dairyland	3	2	HR	HR	HR	HR	HR	HR	R			MR	HR	R	HR					
20	Maxi-Pro 3.10RR	Croplan	3	2	HR	HR	HR	HR	HR	HR			R		R		R	H			R
21	MP 2000	Croplan	3	2	HR	R	HR	HR	HR	HR	HR				R		MR				
22	RR Presteez	Croplan	3	1	HR	HR	HR	HR	HR	R			R		MR		H		G	R
23	Rugged	Producer's Choice	3	2	HR	HR	HR	HR	HR	HR	MR			HR	MR			Y	G	
24	WL 319HQ	W-L Research	3	1	HR	HR	HR	HR	HR	HR			R	HR	MR		H			
25	54QR04	Pioneer	4	2	HR	HR	HR	HR	HR	HR		HR	R	R		H		R

（续表）

序号	品种	售种公司	休眠级	越冬指数	细菌凋萎病	黄萎病	枯萎病	炭疽病	疫霉根腐病	丝囊根腐病1代	丝囊根腐病2代	苜蓿斑翅蚜	豌豆无网长管蚜	蓝苜蓿蚜虫	马铃薯叶蝉	茎线虫	南方根结线虫	北方根结线虫	多叶率	持久耐牧性	抗倒伏性	耐盐性	品种类型
26	54R02	Pioneer	4	2	HR	HR	HR	HR	HR	HR		HR	MR			R		R	H				R
27	54V09	Pioneer	4		HR	HR	R	HR	HR	R	MR	R	HR			HR		HR					
28	425RR	Farm Science	4	2	HR	HR	HR	HR	HR	HR		R	HR			HR		R	H				R
29	428RR	Farm Science	4	1	HR	HR	HR	HR	HR	HR			HR			MR			H			G	R
30	4010BR	Brett Young	4	2	HR	HR	HR	HR	HR	HR	R					HR	R	HR					
31	4020MF	Brett Young	4	2	HR	HR	HR	HR	HR	HR	R					HR	MR	HR					
32	4030	Brett Young	4	2	HR	HR	HR	HR	HR	HR	R					R	MR	HR					
33	4040HY	Brett Young	4	2	HR	HR	HR	HR	HR	HR						HR	MR	HR					H
34	6401N	Nexgrow Alfalfa	4		HR	HR	HR	HR	HR	R			HR			HR		HR	M			G	
35	6417	Nexgrow Alfalfa	4	2	HR	HR	HR	HR	HR	HR	HR	HR			R			H				
36	6422Q	Nexgrow Alfalfa	4	1	HR	HR	HR	HR	HR	HR			R			R			H				
37	6443RR	Nexgrow Alfalfa	4	2	HR	HR	HR	HR	HR	HR			MR	HR		R		R	H				R
38	6472A	Nexgrow Alfalfa	4	1	HR	HR	HR	HR	HR	HR	HR		HR			R			H			G	
39	6475H	Nexgrow Alfalfa	4	2	HR	HR	HR	HR	HR	HR			MR		HR	R							
40	6497R	Nexgrow Alfalfa	4	2	HR	HR	HR	HR	HR	HR			R			R			H			G	R
41	A4535	Producer's Choice	4		HR	HR	R	HR	HR				R			MR				Y			
42	Adrenalin	Brett Young	4		HR	HR	HR	HR	HR			R	R			R		HR	H				
43	AmeriStand 407TQ	America's Alfalfa	4	2	HR	HR	HR	HR	HR				R	HR		HR		R	H				
44	AmeriStand 409LH	America's Alfalfa	4	2	HR	HR	HR	HR	HR					HR		HR	R						
45	AmeriStand 415NT RR	America's Alfalfa	4		HR	HR	HR	HR	HR				HR			HR		HR	H			G	R
46	AmeriStand 427TQ	America's Alfalfa	4	1	HR	HR	HR	HR	HR	HR			R			HR			H			G	
47	AmeriStand 445NT	America's Alfalfa	4		HR	R	HR	HR	HR	R		HR	R			HR		HR	M				
48	AmeriStand 455TQ RR	America's Alfalfa	4	2	HR	HR	HR	HR	HR				R			R		HR	H			G	R
49	Arapaho II	Tri-West	4	2	HR	HR	HR	R	HR	R						R		HR					
50	Barricade SLT	Brett Young	4		HR	HR	HR	HR	HR				MR	HR	HR	R			M			GF	
51	Bullseye	Producer's Choice	4		HR	HR	HR	HR	HR	MR			MR	LR	MR	R		HR				G	
52	Camas	Eureka	4		HR		HR	HR	HR	HR			R			HR		HR	M				

（续表）

序号	品种	售种公司	休眠级	越冬指数	细菌凋萎病	黄萎病	枯萎病	炭疽病	疫霉根腐病	丝囊根腐病1代	丝囊根腐病2代	苜蓿斑翅蚜	豌豆无网长管蚜	蓝苜蓿蚜虫	马铃薯叶蝉	茎线虫	南方根结线虫	北方根结线虫	多叶率	持久耐牧性	抗倒伏性	耐盐性	品种类型
53	Consistency 4.10RR	Croplan	4	2	HR	HR	HR	HR	HR	HR		HR	HR			R		R	H				R
54	Denali 4.10RR	Croplan	4	2	HR	HR	HR	HR	HR	HR						HR		R	H				R
55	DG 4210	Crop Production	4	1	HR	HR	HR	HR	HR	HR		HR	R			R			H				
56	DKA41-18RR	DeKalb	4	2	HR	HR	HR	HR	HR	HR		HR	HR			R		R	H				R
57	DKA43-13	DeKalb	4	1	HR	HR	HR	HR	HR	HR			R			R		R	H				
58	DKA43-22RR	DeKalb	4	2	HR	HR	HR	HR	HR	HR						HR		R	H				R
59	DKA44-16RR	DeKalb	4	2	HR	HR	HR	HR	HR	HR		R	R			R			H			G	R
60	Focus	J.R. Simplot	4	3	HR	R	HR	HR	HR	HR		HR	R			HR		R	H				
61	ForageGold	Tri-West	4	2	HR	HR	HR	HR	HR	HR			R	R		R			M				
62	FSG 403LR	Farm Science	4		HR	HR	R	HR	HR	HR	R	R	R										
63	FSG 406	Farm Science	4	1	HR	HR	HR	HR	HR	HR													
64	FSG 408DP	Farm Science	4	2	HR	R	HR	HR	HR	R		R											
65	FSG 420LH	Farm Science	4	2	HR	HR	HR	HR	HR	HR		R			HR								
66	FSG 423ST	Farm Science	4	2	HR	HR	HR	R	HR	HR		R											
67	FSG 424	Farm Science	4	1	HR	HR	HR	HR	HR	HR	HR	R											
68	FSG 429SN	Farm Science	4	2	HR	HR	HR	HR	HR	HR		R	HR										
69	FSG 505	Farm Science	4	2	HR	HR	HR	HR	HR	HR		R	R										
70	GrandStand	Crop Production	4	1	HR	HR	HR	HR	HR	HR		R	HR										
71	Hybri-Force-2400	Dairyland	4	2	HR	HR	HR	HR	HR	HR		R											
72	Hybri-Force-2420/Wet	Dairyland	4	2	HR	HR	HR	HR	HR	HR	R												
73	Hybri-Force-3400	Dairyland	4	2	HR	HR	HR	HR	HR	MR		R											
74	Integra 8400	Wilbur-Ellis	4	2	HR	HR	HR	HR	HR	HR		HR											
75	Integra 8420	Wilbur-Ellis	4					HR				R											
76	Integra 8444RR	Wilbur-Ellis	4		R	HR	HR	HR	HR	R		HR											
77	Lancer	Growmark/S.S./TFC	4	2	HR	HR	HR	HR	HR	HR		HR			HR								
78	Liberator	Nexgrow Alfalfa	4	2	HR	HR	HR	HR	HR	HR		R	R										
79	Magnitude	Growmark/Allied	4	2	HR	HR	HR	HR	HR	HR		R	R										
80	Magnum 7	Dairyland	4	2	HR	HR	HR	HR	HR	HR	R	R											
81	Magnum 7-Wet	Dairyland	4	2	HR	HR	HR	HR	HR	HR	R	R											
82	Magnum Salt	Dairyland	4	2	HR	HR	HR	R	HR	R		R											

（续表）

序号	品种	售种公司	休眠级	越冬指数	细菌凋萎病	黄萎病	枯萎病	炭疽病	疫霉根腐病	丝囊根腐病1代	丝囊根腐病2代	苜蓿斑翅蚜	豌豆无网长管蚜	蓝苜蓿蚜虫	马铃薯叶蝉	茎线虫	南方根结线虫	北方根结线虫	多叶率	持久耐牧性	抗倒伏性	耐盐性	品种类型
83	Magnum V	Dairyland	4	2	HR	R	HR	R	HR	MR		R	R	MR									
84	Mariner IV	Growmark/Allied	4	2	HR	HR	HR	HR	HR	HR	R		R										
85	Marvel	Growmark/Allied	4	2	HR	HR	HR	HR	HR	HR		R	HR		MR								
86	Medalist	Union	4	3	HR	HR	HR	HR	HR	R		HR	R										
87	Mutiny	Nexgrow Alfalfa	4	2	HR	HR	HR	HR	HR	HR													
88	Optimus	Brett Young	4	1	HR	HR	HR	HR	HR	HR		MR	HR	R									
89	PGI 424	Producer's Choice	4		HR		HR	HR	HR	R			R										
90	PGI 427	Producer's Choice	4		HR	HR	HR	HR	HR	HR		R	HR										
91	PGI 437	Producer's Choice	4		R	R	HR	HR	R	R		MR	MR										
92	PGI 459	Producer's Choice	4	2	HR	HR	HR	HR	HR	R	R		R										
93	Rebound 5.0	Croplan	4	2	HR	HR	HR	HR	HR			R	HR										
94	Rebound 6.0	Croplan	4	1	HR	HR	HR	HR	HR	HR	HR		R										
95	RRALF 4R200	Eureka	4	2	HR	HR	HR	HR	HR			MR											
96	RR AphaTron	Croplan	4	2	HR	HR	HR	HR	HR	HR			R										
97	RR Stratica	Croplan	4	2	HR	HR	HR	HR	HR			HR	R										
98	RR405	Channel	4	2	HR	HR	HR	HR	HR			MR	R										
99	Shockwave BR	Brett Young	4	2	HR	HR	HR	HR	HR	HR	R		MR										
100	SolarGold	Tri-West	4	1	HR	HR	HR	HR	HR	HR	MR	MR	HR	R									
101	Stockpile	Brett Young	4	2	HR	HR	HR	HR	HR	HR	R		R										
102	SunDance II	Tri-West	4	2	HR	HR	HR	HR	HR	HR			R	MR									
103	TS 4007	Producer's Choice	4		HR	HR	R	HR	HR	HR			R				MR						
104	Venus 4 PLUS T	Producer's Choice	4		HR	HR	HR	HR	HR								MR						
105	Whitney	Eureka	4	3	HR	HR	HR	HR	HR			R	HR				HR	HR					
106	WL 326 GZ	W-L Research	4	3	HR	HR	HR	HR	HR			R	R				R						
107	WL 343HQ	W-L Research	4	1	HR	HR	HR	HR	HR				HR				R						
108	WL 352LH.RR	W-L Research	4	2	HR	HR	HR	HR	HR			LR	R			HR	MR						
109	WL 353LH	W-L Research	4	2	HR	HR	HR	HR	HR							HR	R						
110	WL 354HQ	W-L Research	4	1	HR	HR	HR	HR	HR	HR	HR	HR					R						
111	WL 356HQ.RR	W-L Research	4	1	HR	HR	HR	HR	HR	HR	HR	MR	R				HR						

（续表）

序号	品种	售种公司	休眠级	越冬指数	细菌凋萎病	黄萎病	枯萎病	发疳病	疫霉根腐病	丝囊根腐病1代	丝囊根腐病2代	苜蓿斑翅蚜	豌豆无网长管蚜	蓝苜蓿蚜虫	马铃薯叶蝉	茎线虫	南方根结线虫	北方根结线虫	多叶率	持久耐牧性	抗倒伏性	耐盐性	品种类型
112	XTRA-3	Union	4		HR	R	HR	HR	HR	R		R	HR	R		HR							
113	55H05	Pioneer	5		R	HR	R	HR	HR	R			HR	HR	HR	HR		HR					
114	55H94	Pioneer	5		HR	HR	HR	HR	HR	HR	HR	R	HR	R	HR	R		R					
115	55Q27	Pioneer	5		HR	HR	HR	HR	HR	HR	R	R	R			HR							
116	55VR05	Pioneer	5		HR	HR	HR	HR	HR	HR		R	R			HR		HR					
117	55V12	Pioneer	5		R	HR	HR	HR	HR	HR	R	R	R			R		R					
118	55V48	Pioneer	5		HR	R	HR	HR	HR	HR	R	R	R			R		R					
119	55V50	Pioneer	5		HR	HR	R	HR	HR	HR	HR	R				R		HR					
120	5010	Brett Young	5		HR	HR	HR	HR	HR	HR		MR	HR	R		R		R					
121	6516R	Nexgrow Alfalfa	5		HR		HR	HR	HR			HR	HR			HR		HR					
122	6547R	Nexgrow Alfalfa	5		HR	R	HR	HR	HR				R			HR		HR					
123	6585Q	Nexgrow Alfalfa	5	2	HR	HR	HR	HR	HR				R			HR							
124	A 5225	Producer's Choice	5		HR	HR	HR	HR	HR	R	R	HR	R			MR		HR					
125	Archer III	America's Alfalfa	5	2	HR	HR	HR	HR	HR					HR		HR		HR					
126	DKA50-18	DeKalb	5	2	HR	HR	HR	HR	HR	HR		R	R			R							
127	Evermore	Allied/S.S./TFC	5	2	HR	HR	HR	HR	HR	HR		HR	R			R		MR					
128	GUNNER	Croplan	5	1	HR	HR	HR	HR	HR	HR			R			R		HR					
129	Magna 551	Dairyland	5	2	HR	HR	HR	R	HR	HR						R		HR					
130	MasterPiece II	J.R. Simplot	5		HR	HR	HR	HR	HR					HR		HR		R					
131	Mountaineer 2.0	Croplan	5		HR	R	HR	HR	HR	R		R				HR		R					
132	Nimbus	Croplan	5		HR	R	HR	HR	HR	HR				HR		HR		HR					
133	PGI 529	Producer's Choice	5		HR	R	HR	HR	HR	HR		MR	R	MR		R							
134	PGI 557	Producer's Choice	5	2	HR	HR	HR	HR	HR	HR		R	R			HR		HR					
135	Phoenix	Allied/S.S./TFC	5	4	HR	HR	HR	HR	HR	R				HR		HR		MR					
136	Premium	Union	5		HR	HR	HR	R	HR	HR		HR				HR		HR					
137	RR501	Channel	5		HR		HR	HR	HR			HR				HR							
138	RR NemaStar	Croplan	5		HR	HR	HR	HR	HR	HR		R	R			HR		R					
139	RR Tonnica	Croplan	5	2	HR	HR	HR	HR	HR				R			R							
140	Ruccus	Producer's Choice	5		R	R	HR	MR	HR			R	R	LR		R		MR					
141	SW 4328	S & W	5		R	R	HR	HR	HR			R	HR			R	R						

（续表）

序号	品种	售种公司	休眠级	越冬指数	细菌凋萎病	黄萎病	枯萎病	炭疽病	疫霉根腐病	丝囊根腐病1代	丝囊根腐病2代	苜蓿斑翅蚜	豌豆无网长管蚜	蓝苜蓿叶蚜	马铃薯叶蝉	茎线虫	南方根结线虫	北方根结线虫	多叶率	持久耐牧性	抗倒伏性	耐盐性	品种类型
142	WL 363HQ	W-L Research	5	1	HR	HR	HR	HR	HR	HR			HR			HR		HR					
143	WL 367HQ.RR	W-L Research	5	2	HR	HR	HR	HR	HR	HR						R		R					
144	WL 372HQ.RR	W-L Research	5	2	HR	HR	HR	HR	HR	HR		R	R			HR							
145	56S82	Pioneer	6		HR	MR	HR	HR	HR	R		HR	HR	HR		HR	HR						
146	6010	Brett Young	6	2	HR	HR	HR	HR	HR	R						R	R						
147	6020HY	Brett Young	6	2	HR	R	HR	R	HR							HR	MR						
148	6610N	Nexgrow Alfalfa	6		HR		HR	HR	HR			HR	HR			HR							
149	Alfagraze 600 RR	America's Alfalfa	6			R	HR	R	R			R				MR	HR						
150	Arriba II	America's Alfalfa	6		HR		HR	HR	HR			HR	HR			HR							
151	Cisco II	Producer's Choice	6	2	HR	HR	HR	R	HR	MR			HR			HR	R						
152	FSG 639ST	Farm Science	6	3	HR	R	HR	R	HR	MR			R			HR	R						
153	Hybri-Force-2600	Dairyland	6	2	HR		HR	HR	HR	R			R			HR	R						
154	Integra 8600	Wilbur-Ellis	6		MR	R	R	R	R	MR		HR	HR	HR		R							
155	Magna 601	Dairyland	6	3	R	MR	HR	R	HR	MR		HR	R			R	R						
156	Revolt	Nexgrow Alfalfa	6		HR	R	HR	R	HR							R							
157	RRALF 6R200	Eureka	6		R	R	HR	HR				HR	HR			HR							
158	Tango	Eureka	6		MR	HR	HR	HR				HR	HR	R		MR							
159	Transition 6.10RR	Croplan	6		R	R	R	R	HR			R	HR			MR							
160	SW 6330	S & W	6		R	LR	R	R	R			R	HR	MR		MR	R						
161	WL 440HQ	W-L Research	6		HR	HR	HR	HR	HR	R		HR				HR							
162	WL 454HQ.RR	W-L Research	6		R	HR	HR	HR				R	HR			HR							
163	57Q53	Pioneer	7		MR	HR	HR	HR	R	LR		MR	HR	MR		R	MR						
164	AmeriStand 715NT RR	America's Alfalfa	7		R	R	HR	HR	HR			HR	HR			HR							
165	Artesian Sunrise	Croplan	7		MR	R	R	HR	HR			HR	HR	R									
166	CW 704	Producer's Choice	7		R	R	HR	HR				HR	HR	HR		HR	HR						
167	Hybri-Force-700	Dairyland	7		MR	R	HR		HR			HR	R			HR	R						
168	Magna 788	Dairyland	7		MR	MR	HR	R	HR			R	R			R	HR						

（续表）

序号	品种	售种公司	休眠级	越冬指数	细菌凋萎病	黄萎病	枯萎病	炭疽病	疫霉根腐病	丝囊根腐病1代	丝囊根腐病2代	苜蓿斑翅蚜	豌豆无网长管蚜	蓝苜蓿蚜虫	马铃薯叶蝉	茎线虫	南方根结线虫	北方根结线虫	多叶率	持久耐牧性	抗倒伏性	耐盐性	品种类型
169	SW 7410	S & W	7		R		HR	MR	R			HR	R	R		MR	R						
170	AmeriStand 803T	America's Alfalfa	8		MR		HR	MR	HR			R	HR	HR		HR							
171	AmeriStand 855T RR	America's Alfalfa	8		R		R	R	HR			HR				R	R						
172	Desert Sun 8.10RR	Croplan	8		R		MR	R	HR			HR				MR	R						
173	GrandSlam	Crop Production	8		R	R	HR	R	HR			HR	HR	HR		R							
174	Hybri-Force-800	Dairyland	8		MR		HR	HR	R				MR			HR	R						
175	Integra 8800	Wilbur-Ellis	8				HR	R	HR			R	HR			HR							
176	LaJolla	Imperial Valley	8		MR	LR	HR		R			HR	R	R		MR							
177	Magna 801FQ	Dairyland	8		R	MR	HR	MR	HR			HR	R	R		R	HR						
178	Pacifico	Eureka	8		R	MR	HR	R	HR			HR	HR	HR		R							
179	PGI 801	Producer's Choice	8		MR	R	HR	HR	HR			HR	HR	HR		HR	HR						
180	Revolution	Nexgrow Alfalfa	8		HR	MR	HR	HR	HR			HR	HR	HR		HR							
181	RRALF 8R100	Eureka	8		R		R	R	HR			HR				MR	R						
182	Sequoia	Nexgrow Alfalfa	8		R		HR		R			HR	R	HR		HR	HR						
183	SW 8210	S & W	8			MR	HR	MR	HR			HR	MR	MR		MR	R						
184	SW 8421S	S & W	8		HR		HR		R			HR	R	R		R							
185	SW 8718	S & W	8		R		HR		MR			HR	R	R		MR	R						
186	WL 535HQ	W-L Research	8			HR	R		HR			HR				R	R						
187	WL 552HQ.RR	W-L Research	8		R	R	R	R	HR			HR				R	R						
188	6906N	Nexgrow Alfalfa	9		MR		HR	R	R			HR	HR	HR		HR							
189	AmeriStand 901TS	America's Alfalfa	9		R	MR	R		HR				HR	R		R		HR					
190	AmeriStand 915TS RR	America's Alfalfa	9		R	MR	R	R	HR			HR		HR		R		HR					
191	Catalina	Imperial Valley	9		MR		HR		R			HR	R	MR				HR					
192	DG 9212	Crop Production	9		LR	R	HR	HR	HR			HR	HR	HR		HR							
193	Magna 901	Dairyland	9		MR		HR	MR	HR			HR	HR	R		R	R	HR					
194	Magna 995	Dairyland	9		LR	LR	HR	MR	HR			HR	R			HR	R	HR					
195	Mecca	Producer's Choice	9		LR		HR	LR	MR			HR	HR	MR		LR	HR						
196	Mecca II	Producer's Choice	9		LR	LR	HR	LR	R			HR	HR	HR		R							

（续表）

序号	品种	售种公司	休眠级	越冬指数	细菌凋萎病	黄萎病	枯萎病	炭疽病	疫霉根腐病	丝囊根腐病1代	丝囊根腐病2代	苜蓿斑翅蚜	豌豆无网长管蚜	蓝苜蓿蚜虫	马铃薯叶蝉	茎线虫	南方根结线虫	北方根结线虫	多叶率	持久耐牧性	抗倒伏性	耐盐性	品种类型
197	Mecca III	Producer's Choice	9		MR		HR		R	MR		HR	HR	R		R	R	R					
198	PGI 908-S	Producer's Choice	9		R	R	HR	HR	HR			HR	HR	HR			R	HR					
199	Pinal 9	Nexgrow Alfalfa	9		R		R	R	HR			HR		R				HR					
200	RR902	Channel	9		MR		R	R	LR			HR	HR	HR			R						
201	RRALF 9R100	Eureka	9		R		R	HR	R			HR	HR	HR			HR						
202	SALTANA	Imperial Valley	9		HR		HR		R			HR	R	HR			HR						
203	Sun Quest	Croplan	9		MR		R	R	HR			HR					HR						
204	SW 9215	S & W	9		R		HR		R			HR	R	HR			HR						
205	SW 9628	S & W	9		LR		R	LR	R			HR	R	R			HR						
206	SW 9720	S & W	9		MR		R		R			HR	HR	R		MR							
207	WL 656HQ	W-L Research	9		MR		HR	R	HR			HR	HR	HR		HR							
208	WL 662HQ.RR	W-L Research	9		MR	R	R	MR	HR			HR	HR	HR			R						
209	6015R	Nexgrow Alfalfa	10		R	MR	R	R				HR	HR			HR		HR					
210	A-1086	Producer's Choice	10		MR	R	HR	R	R			HR	R	HR		HR	HR	HR					
211	CW 1010	Producer's Choice	10		MR	R	HR		R			HR	R	HR			R	HR					
212	SW 10	S & W	10		MR		R		R			HR	HR	HR			R						
213	WL 712	W-L Research	10		LR	MR	HR	MR	HR			HR	HR	R		R							

第二篇

苜蓿主要虫害
识别与防治

第六章

苜蓿主要害虫及发生规律

第一节 苜蓿主要害虫

一、蚜虫类

为害苜蓿的蚜虫种类主要为苜蓿无网长管蚜 *Acyrthosiphon kondoi* Shinji et Kondo、豆豆无网长管蚜（苜蓿蚜）*Aphis craccivora* Koch、豌豆无网长管蚜 *Acyrthosiphon pisum* （Harris）、苜蓿斑蚜 *Therioaphis trifolii*（Monell）等。普遍发生在全国各苜蓿种植区，属常发性害虫，对苜蓿生长早中期为害较大，严重发生时，造成苜蓿产量损失达50%以上，排泄的蜜露引起叶片发霉，影响草的质量，导致植株萎蔫、矮缩和霉污以及幼苗死亡。豌豆无网长管蚜和苜蓿无网长管蚜体绿色，个体较大，长度在2~4mm，1对腹管明显可见，二者经常在田间同时发生，区别是豌豆无网长管蚜触角每一节都有黑色结点，而苜蓿无网长管蚜触角均匀且无黑色结点；苜蓿斑蚜体淡黄色，个体较小，只有豌豆无网长管蚜和苜蓿无网长管蚜的1/2~1/3，背部有6~8排黑色小点，常在植株下部叶片背部为害；豆无网长管蚜黑紫色，有成百上千头在苜蓿枝条上部聚集为害的特性。

二、蓟马类

为害苜蓿的蓟马种类主要有牛角花齿蓟马 *Odontothrips loti*（Haliday）、烟蓟马 *Thrips tabaci* Lindeman、苜蓿蓟马（西花蓟马）*Frankliniella occidentalis*（Perg.）、花蓟马 *Frankliniella intonsa*（Trybom）等。田间以混合种群为害，各地均以牛角花齿蓟马为优势种。蓟马普遍发生在全国各苜蓿种植区，已成为苜蓿成灾性害虫，主要取食叶芽、嫩叶和花，轻者造成上部叶片扭曲，重者成片苜蓿早枯，停止生长，叶片和花干枯、早落对苜蓿干草产量造成 20% 的损失，减少种子产量 50% 以上。蓟马属微体昆虫，成虫产卵于叶片、花、茎秆组织中，个体细小，长度 0.5~1.5mm，成虫灰色至黑色，若虫灰黄色或桔黄色，跳跃性强，为害隐蔽，需拍打苜蓿枝条振落虫体到白纸板和手掌上才能肉眼可见。

三、盲蝽类

在苜蓿上发生的盲蝽是混合种群，主要由苜蓿盲蝽 *Adelphocoris lineolatus*（Goeze）、牧草盲蝽 *Lygus pratensis*（Linnaeus）、三点苜蓿盲蝽 *Adelphocoris fasciaticollis* Reuter 等组成，苜蓿盲蝽为优势种群。盲蝽类广泛存在于全国苜蓿各种植区以及小麦、棉花、胡麻等农田中，属杂食性害虫，吸食嫩茎叶、花芽及未成熟的种子。盲蝽雌虫将卵产于幼嫩的组织内，刚孵化的若蝽为亮绿色，行动迅速，这一特征可与灰绿色、行动迟缓但形态相似的豌豆无网长管蚜相区分，成熟的若蝽有 1 对短翅垫。苜蓿盲蝽成虫体长 5~6mm，触角 4 节，约等于体长，体色变化很大，通常为黄褐色，可从浅黄绿色至深红褐色，前胸背板后缘有 2 个黑斑，小盾片暗褐色，之中有一对半"丁"字形条纹，是本种的主要特征之一；牧草盲蝽体色黄绿色，触角比体短，前胸背板有橘皮状刻点，后缘有一黑纹，中部有 4 条纵纹，在翅基部有一黄色的三角形小盾片。

四、螟蛾类

主要包括苜蓿夜蛾 *Heliothis viriplaca*（Hufnagel）、甜菜夜蛾 *Spodoptera exigua*（Hübner）、草地螟 *Loxostege sticticalis*（Linnaeus）等。草地螟属草原周期性、突发性迁飞害虫，主要分布在我国东北、华北和西北地区，幼虫暴食多种植物，寄主有 35 科 200 余种植物，多以大规模迁入苜蓿田进行为害。成虫体长 8~12mm，翅展 12~25mm，静止时体呈三角形，前翅灰褐色，翅中央稍近前方有 1 个方形淡黄色或浅褐色斑，翅外缘黄白色，并有一连串浅黄色小点连成条纹，后翅灰褐色，沿外缘有 2 条平行的波状纹；幼虫体色黄绿色或暗绿，老熟幼虫体长 19~21mm，胸腹部有明显的暗色纵行条纹，周身有毛瘤，初孵幼虫取食叶肉，造成"天窗"，长大时能将叶片吃成缺刻和空洞，幼虫有受惊动后立即落地假死的习性。

苜蓿夜蛾属于杂食性害虫，是苜蓿田夜蛾类害虫中最为常见的，广泛分布在我国苜蓿各种植区，各年度发生轻重差别较大，属偶发性害虫，常以二代幼虫在 8—9 月局部突发，1~2 龄幼虫有吐丝卷叶习性，常在叶面啃食叶肉，2 龄以后常在叶片边缘向内残食，形成不规则的缺刻和孔洞；成虫体长 13~14mm，翅展 30~38mm，前翅灰褐色且带有青绿色，翅的中部有一宽且色深的横线，肾状纹黑褐色，翅的外缘有黑点 7 个，后翅淡黄褐色，外缘有一黑色宽带，其中夹有心脏形淡色斑，老熟幼虫体长 40mm 左右，头部黄褐色，体色变化很大，一般为黄绿色，上有黑色纵纹，腹面黄色。

五、苜蓿叶象甲

苜蓿叶象甲 *Hypera postica*（Gyllenhal）分布于新疆、内蒙古和甘肃等地，主要以幼虫对第一茬苜蓿为害，大量取食苜蓿枝叶，严重时只残留叶片的主要叶脉，受害苜蓿一般减产 10%~20%，严重时减产 50% 以上。成虫灰黄色，体长 4.5~6.5mm，前胸背板有两条较宽的褐色条纹，鞘翅内侧上有深褐色条带；初孵幼虫白色，取食后由浅绿色变为绿色，头部亮黑色，背线和侧线均为白色，无足；卵位于茎秆内，椭圆形，大小（0.5~0.6）mm×0.25mm，黄色而有光泽，近孵化时变为褐色，卵顶发黑。

六、地下害虫类

地下害虫类常发生在西北、华北地区种植年限较长的旱地苜蓿及新建植苜蓿上，其代表性的种类有东北大黑鳃金龟 *Holotrichia diomphalia*（Bates）、华北大黑鳃金龟 *Holotrichia oblita*（Faldermann）、铜绿丽金龟 *Anomala corpulenta* Motschulsky、白星花金龟 *Protaetia*（*Liocola*）*brevitarsis*（Lewis）、沟金针虫 *Pleonomus canaliculatus* Faldermann、细胸金针虫 *Agriotes fuscicollis* Miwa 等。由于苜蓿草地环境稳定，主要以幼虫取食苜蓿根部，导致苜蓿生长不良、枯黄，甚至死亡，成虫以取食苜蓿叶片和茎为主。金龟甲幼虫蛴螬通常体乳白色，头黄褐色，弯曲呈"C"状。白花星金龟体型较大，长 16~24mm，宽 9~12mm，椭圆形，黑色具青铜色光泽，体表散布众多不规则白绒斑；黑绒金龟成虫体型小，体长 7~9.5mm，卵圆形，有天鹅绒光泽，鞘翅上具密生短绒毛，边缘具长绒毛。黑皱鳃金龟成虫体中型，长 15~16m，宽 6~7.5mm，黑色无光泽，刻点粗大而密，鞘翅无纵肋，头部黑色，前胸背板中央具中纵线，小盾片横三角形，顶端变钝，中央具明显的光滑纵隆线，鞘翅卵圆形，有大而密排列不规则的圆刻点。

七、芫菁类

为害苜蓿常见种类为豆芫菁 *Epicauta*（*Epicauta*）*gorhami*（Marseul）、中华豆芫菁 *Epicauta*（*Epicauta*）*chinensis* Laporte、绿芫菁 *Lytta*（*Lytta*）*caraganae*（Pallas）、苹斑芫菁 *Mylabris*（*Eumylabris*）*calida*（Palla）等。广泛分布于全国苜蓿种植区，属于偶发性害虫，但其具有群聚性、暴食性，暴发可造成严重减产，遗留在干草捆内的虫体含斑蝥毒素，能引起以苜蓿为食的家畜中毒。豆芫菁成虫体长 15~18mm，头部大部分为红色，体黑色，前胸背板中央和每个鞘翅中央都有 1 条白色纵纹；绿芫菁成虫个体大，长 20~30mm，通体金绿色，鞘翅具铜色或铜红色光泽；苹斑芫菁成虫体长 11~18mm，头、体躯和足黑色且被黑色毛，鞘翅橘黄具黑斑，中部各有 1 条黑色宽横斑，该斑外侧达翅缘，内侧不达鞘翅缝，距鞘翅基部 1/4 和 1/5 处各有 1 对黑斑，翅后端的黑斑汇合呈一横斑；中华豆芫菁成虫体长 14~25 mm，黑色，前胸背板中央有一白色短毛组成的纵纹，鞘翅周缘有白毛形成的边。

第二节 苜蓿主要害虫发生规律

一、蚜虫类

通常以雌蚜或卵在苜蓿根冠部越冬，在整个苜蓿生育期蚜虫发生 20 多代。春季苜蓿返青时成蚜开始出现，随着气温升高，虫口数量增加很快，每个雌蚜可产生 50~100 头胎生若蚜，虫口数量与降水量关系密切，5—6 月如降水少，蚜量则迅速上升，对第一茬和第二茬苜蓿造成严重为害。

二、蓟马类

从苜蓿返青开始整个生育期均可持续为害，全生育期发生 10 多代，成虫在 4 月中下旬苜蓿返青期开始出现，虫口较低，在 5 月中旬虫口突增，通常在 6 月中旬初花期时达到为害高峰期，发生盛期可从 5 月上旬持续到 9 月上旬的每一茬苜蓿上，特别对第一茬和第二茬苜蓿为害严重，通常在初花期达到为害高峰期，有趋嫩习性，主要取食叶芽和花。

三、盲蝽类

盲蝽寄主较为广泛，苜蓿是盲蝽最为喜好的寄主植物，飞行能力较强，很容易从成熟的杂草、牧草或其他作物上迁移到苜蓿田。盲蝽一年发生 3~4 代，完成一个世代需 4~6 周，以卵在苜蓿田残茬中越冬，5 月上中旬为孵化盛期，在 5 月下旬初花期前成虫开始大量出现，盛发期主要集中在 6 月中旬至 8 月下旬，在苜蓿整个生育期盲蝽虫态重叠，对每一茬苜蓿上都可造成为害。

四、螟蛾类

草地螟在我国北方一年发生 2~3 代，因地区不同而不同，多以第一代为害严重，以老熟幼虫在滞育状态下于土中结茧越冬，幼虫共 5 龄，有吐丝结网的习性，1~3 龄幼虫多群栖在网内取食，4~5 龄分散为害，遇触动则呈螺旋状后退或呈波浪状跳动，吐丝落地；成虫白天潜伏在草丛及作物田内，受惊动时可做近距离飞移，具有远距离迁飞的习性，随着气流能迁飞到 200~300km 以外的地方，在迁飞过程中完成性成熟。苜蓿夜蛾一年发生 2 代，以蛹在土中越冬，第一代成虫 6 月在田间出现，第二代成虫 8 月出现。

五、苜蓿叶象甲

通常一年发生 3 代，以成虫在苜蓿田残株落叶下或裂缝中越冬，4 月苜蓿开始萌发时，成虫出现并开始取食为害，雌虫将苜蓿茎秆咬成圆孔或缺刻，将卵产在茎秆内，用分泌物或排泄物将洞口封闭；初孵幼虫在茎秆内蛀蚀，形成黑色的隧道；至 2 龄时，幼虫从茎秆中钻出并潜入苜蓿叶芽和花芽中为害，造成生长点坏死和花蕾脱落，幼虫为害盛期在 5 月下旬至 6 月上旬，主要以 3、4 龄幼虫为害最为严重。

六、地下害虫类

一年或两年发生 1 代，以幼虫在土中越冬，成虫寿命较长，飞行能力强，昼伏夜出，具有假死习性和强烈的趋光性、趋化性。白花星金龟成虫 5 月出现，发生盛期为 6—8 月；黑绒金龟 4 月中下旬开始出土，5 月至 6 月上旬是成虫发生为害盛期。为害程度随着苜蓿种植年限的延长呈指数增加，种植 7 年后的苜蓿田块中的黑绒金龟和白星花金龟种群暴发性增长，而种植年限 5 年以下其种群增长非常缓慢。

七、芫菁类

一年发生 1~2 代，均以 5 龄幼虫在土中越冬，成虫通常在 6—8 月发生，有群集为害的习性，喜欢取食花器，将花器吃光或残留部分花瓣，使种子产量降低，也食害叶片，将叶片吃光或形成缺刻。幼虫生活在土中，以蝗卵为食，通常可取食蝗卵 45~104 粒，是蝗虫重要的天敌。

第七章

苜蓿主要害虫形态特征

苜蓿主要害虫种类检索表

1 口器咀嚼式，有成对的上颚；或口器退化 ··· 2
  口器非咀嚼式，无上颚；为虹吸式、刺吸式或舔吸式等 ·· 30
2 前后翅均为膜质 ······································ 苜蓿籽蜂 *Bruchophagus roddi* (Gussakovsky, 1933)
  前翅角质，和身体一样坚硬如铁 ··· 3
3 头部延伸成喙状；外咽缝愈合或消失 ·· 4
  头部非喙状；2 条外咽缝明显 ·· 7
4 前胸背板有 2 条较宽的褐色纵条纹，中间夹有一条细的灰线。鞘翅上有 3 段等长的深褐色纵条纹，
  靠近前胸背板的 1 段纵条纹最粗，逐段变细 ············ 苜蓿叶象 *Hypera postica* (Gyllenhal), 1813
  非上所述 ··· 5
5 喙长而直，端部略向下弯，中隆线细而隆，长达额，两侧有深沟
  ··· 甜菜象甲 *Bothynoderes punctiventris (*Germai, 1794)
  非上所述 ··· 6
6 体暗棕色 ·· 苜蓿籽象 *Tychius medicaginis* Brisout, 1863
  体灰色 ·· 草木樨籽象 *Tychius meliloti* Stephens, 1831
7 触角超过体长的 2/3 ······························· 苜蓿丽虎天牛 *Plagionotus floralis* (Pallas)
  触角未超过体长的 2/3 ··· 8
8 触角呈鳃叶状，端部 3~7 节向一侧延伸膨大成栉状或叶片状，常能开合 ····························· 9
  触角不呈鳃叶状 ··· 15
9 腹部气门仅在后方稍向外分开，每 1 行几乎呈 1 直线；至少后足爪大小相等，且有 1 齿，少数仅
  有 1 爪；口上片横行，被缝与额分开 ·· 10
  腹部气门在后方强烈分开，每 1 行呈 1 折线 ··· 12
10 后足胫节 2 端距远离，位胫端两侧 ················· 东方绢金龟 *Serica orientalis* Motschuisky, 1857
   后足胫节 2 端距相互十分靠拢，位胫端一侧 ·· 11
11 后翅较长，前后缘近平行，翅端伸达腹部第 4 背板；雄性外生殖器的阳茎中突细长
   ····································· 东北大黑鳃金龟 *Holotrichia diomphalia* (Bates), 1888

后翅短，后缘钝角形或弧形扩出，翅端伸达或略超过腹部第 2 背板；雄性外生殖器的阳茎中突粗壮 ······ **华北大黑鳃金龟** *Holotrichia oblita* (Faldermann), 1835

12 2 爪不等长，可自由活动，短爪不分裂 ······ 13
至少后足的 2 爪等长 ······ 14

13 卵圆形，黄褐色，有金黄色、绿色闪光 ······ **黄褐丽金龟** *Anomala exolea* Faldermann, 1835
长椭圆形，体背面铜绿色具光泽 ······ **铜绿丽金龟** *Anomala corpulenta* Motschulsky, 1853

14 上颚从背面不可见；前足基节常明显圆锥形
······ **白星花金龟** *Protaetia (Liocola) brevitarsis*(Lewis), 1879
上颚从背面可见，多少宽阔呈刀片状；前足基节横宽；雄性头部和前胸常具角状突起
阔胸禾犀金龟 *Pentodon mongolicus* Motschulsky, 1849

15 体扁平，背面平板状，两侧平行，或跗节 5-5-4 ······ 16
体非上所述，3 对跗节数相同，均为 5 节 ······ 27

16 前胸背板具锐形侧缘；前足基节窝后方开式；腹部 5 节 ······ 17
前胸背板无侧缘，无凹处；前足基节窝开式；腹部 6 节 ······ 19

17 后足跗节侧扁，长于胫节或约与胫节等长；身体侧扁；弯背；无翅尖；雄性第 1、2 腹板间无刚毛刷 ······ **北京侧琵甲** *Prosodes (Prosodes) pekinensis* Fairmaire, 1887
后足正常，跗节短于胫节；身体扁阔，背平或弯；有翅尖；雄性第 1、2 腹板间有刚毛刷（极个别无） ······ 18

18 鞘翅具明显的稠密粗皱纹 ······ **皱纹琵甲** *Blaps (Blaps) rugosa*
鞘翅无皱纹或只有不明显细皱纹 ······ **异形琵甲** *Blaps (Blaps) variolosa*

19 前足腿节腹面端部正常，无横软毛 ······ 20
前足腿节腹面端部 1/2 表面凹陷，此处密生横软毛 ······ 22

20 跗爪背叶下侧具 1~2 排齿 ······ **苹斑芫菁** *Mylabris (Eumylabris) calida*
跗爪背叶下侧光滑无齿 ······ 3

21 体绿色具光泽；头、胸部光滑无毛；触角丝状 ······ **绿芫菁** *Lytta (Lytta) caraganae*
体黑色；头、胸部密布黑色长毛；触角端部膨大近棒状
······ **丽斑芫菁** *Mylabris (Chalcabris) speciosa*

22 雄性触角正常 ······ 23
雄性触角栉齿状 ······ 24

23 前足第 1 跗节基部细，端部侧扁平阔，呈斧状
······ **红头纹豆芫菁** *Epicauta (Epicauta) erythrocephala*
前足第一跗节加粗，呈柱状 ······ **大头豆芫菁** *Epicauta (Epicauta) megalocephala*

24 雄性触角扩展一侧，具纵沟 ······ **豆芫菁** *Epicauta (Epicauta) gorhami*
雄性触角强烈展宽，无纵沟 ······ 25

25 头大部分红色，仅触角基部的 1 对"瘤"及复眼内侧黑色；雄性触角第 3 节的一侧稍向外斜伸，第 4 节宽至多为长的 2 倍 ······ **西北豆芫菁** *Epicauta (Epicauta) sibirica*
头大部分黑色，仅额部复眼之间 1 长斑及两侧后头红色；雄性触角第 3 节明显向外斜伸，第 4 节宽大于长的 2 倍 ······ 26

26 前胸背板两侧和中央具纵沟，鞘翅侧缘、端缘和中缝以及体腹面除后胸和腹部中央外，均被灰白毛；触角第 4 节宽为长的 4 倍 ······ **中华豆芫菁** *Epicauta (Epicauta) chinensis*
前胸背板、鞘翅及体腹面几乎完全被黑毛；触角第 4 节宽为长的 2~3 倍
······ **疑豆芫菁** *Epicauta (Epicauta) dubia*

27 小盾片略仿心脏形，覆毛极密 ······ **细胸金针虫** *Agriotes fuscicollis* Miwa

46 前胸背板胝后两侧各具 1 个黑色较大的圆斑 ························ **中黑苜蓿盲蝽** *Adelphocoris suturalis*
　 前胸背板非上所述，后半部具宽黑横带，有时断续成二横带，或二横带与两侧端具 2 个黑斑
　　　　　　　　　　　　　　　　　　　　　　　　　　　　　 三点苜蓿盲蝽 *Adelphocoris fasciaticollis*
47 前胸背板具粗大刻点；左阳基侧突感觉叶表面具短棘刺 ············· **牧草盲蝽** *Lygus pratensis*
　 前胸背板具中等大小刻点；左阳基侧突感觉叶表面无棘刺 ············· **绿盲蝽** *Apolygus lucorum*
48 腹部气门全部位于背面 ······························· **小长蝽** *Nysius ericae* (Schilling), 1829
　 腹部第 2 节气门位于背面，第 3~8 节气门位于腹面 ·· 49
49 密被白色绒毛和黑色小刻点 ··················· **斑须蝽** *Dolycoris baccarum* (Linnaeus), 1758
　 没有刻点的淡色光滑纵纹很少 ··················· **西北麦蝽** *Aelia sibirica* Reuter, 1884
50 腹管截短形，如果长形，则尾片瘤状，且尾板分为 2 叶；触角上明显多毛；爪间突棒状或叶状
　　　　　　　　　　　　　　　　　　　········· **苜蓿斑蚜** *Therioaphis trifolii* (Monell), 1882
51 腹管非截短形，通常长管型；尾片非瘤状，常为圆锥形，有时半月形；尾片不分为 2 叶；触角通
　 常只有少数毛；爪间突毛状；3 个纽扣状生殖突上有生殖毛 10~12 根，均紧密并立 ············· 51
　 腹部第 2、第 3 节气门间距不大于第 1、第 2 节气门间距的 2 倍，第 1、第 2 节气门彼此远离；腹
　 部第 1 节和第 7 节有较大的缘瘤，缘瘤通常位于气门的腹向
　　　　　　　　　　　　　　······· **豆无网长管蚜（苜蓿蚜）** *Aphis craccivora* Koch, 1854
　 腹部第 2、第 3 节气门间距大于第 1、第 2 节气门间距的 2 倍，第 1、第 2 节气门彼此靠近；腹部
　 第 1 节和第 7 节缺或有较小的缘瘤，如果有，则位于气门的背向 ························ 52
52 体表粗糙，具明显双环形网纹；头顶中额不明显；尾片长约为腹管的 1/2
　　　　　　　　　　　·········· **苜蓿无网长管蚜** *Acyrthosiphon kondoi* Shinji et Kondo, 1938
　 体表光滑，微有网纹；头顶中额平；尾片长约为腹管的 2/3
　　　　　　　　　　　·········· **豌豆无网长管蚜** *Acyrthosiphon pisum* (Harris), 1776

1. 苜蓿无网长管蚜 *Acyrthosiphon kondoi* **Shinji *et* Kondo, 1938**

　　形态特征：无翅孤雌蚜：体长约 3.8mm，宽约 1.8mm。黄绿色至绿色，体表粗糙具明显双环形网纹。

　　头部具 7~8 对毛。头顶中额不明显。额瘤隆起外倾。触角具短毛及小圆形次生感觉圈，约与体长同长或稍短。喙达中足基节。

　　腹部腹管长管状，骨化，端部色深。尾片长锥形，具 6~9 毛，长约为腹管的 1/2。尾板半圆形，具 13~21 毛。

　　有翅孤雌蚜：与无翅孤雌蚜相似，但体表具微瓦纹，头黑褐色，胸黑褐色，具 1 对淡色

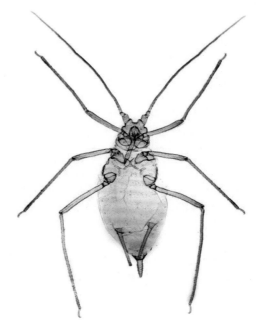

图 85　苜蓿无网长管蚜

节间斑，腹部淡色。

分布： 吉林、辽宁、北京、河北、山西、内蒙古、甘肃、西藏、河南、浙江；日本、朝鲜、印度、巴基斯坦、以色列、美国、澳大利亚，非洲也有分布。

寄主： 苜蓿、草木樨、蚕豆、豌豆、苦豆等。

2. 豆无网长管蚜（苜蓿蚜）*Aphis craccivora* Koch, 1854

异　名： *Aphis craccivora*、*Aphis mimosae*、*Aphis robiniae*、*Aphis atronitens*、*Aphis hordei*、*Aphis leguminosae*、*Aphis beccarii*、*Aphis citricola*、*Aphis isabellina*、*Aphis papilionacearum*、*Aphis cistiella*、*Aphis oxalina*、*Aphis kyberi*、*Aphis funesta*、*Aphis meliloti*、*Pergandeida loti gollmicki*、*Aphis atrata*、*Aphis craccivora usuana*、*Aphis robiniae canavaliae*。

图 86　豆无网长管蚜
（引自《沈阳昆虫原色图鉴》）

别名： 苜蓿蚜、花生蚜。

形态特征： 无翅孤雌蚜体长约 1.8mm，宽卵形，黑色有光泽。

头部黑色。触角具毛及瓦纹，约为体长的 0.7 倍，大致淡色。喙可达中足基节，末节长约为宽的 2 倍，大致淡色。

前、中胸黑色；后胸侧斑呈黑带，缘斑小。足大致淡色。

腹节 1~6 节各斑融合为 1 大黑斑，腹管圆筒形，具瓦纹。尾片长圆锥形，具 6 毛及微刺组成的瓦纹。尾板末端圆，具 9~12 毛。

有翅孤雌蚜与无翅孤雌蚜相似，但体长卵形，腹节具不规则横带，1~6 节横带逐渐加粗、加长。

分布： 全国各地；世界各地。

寄主： 苜蓿、蚕豆、苕子等多种豆科植物。

3. 豌豆无网长管蚜 *Acyrthosiphon pisum* (Harris), 1776

异名： *Aphis pisum*、*Aphis pisi* Kaltenbach、*Macrosiphum trifolii*。

别名： 豌蚜、豆无网长管蚜、豌豆无网长管蚜。

形态特征： 无翅孤雌蚜体长约 4.8mm，宽 1.8mm。纺锤形，草绿色，体表光滑，微有网纹。

头部具毛。头顶中额平，1 对。额瘤显著外倾，每侧 1 对，头背 8~10 根。触角细

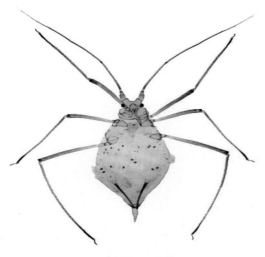

图 87　豌豆无网长管蚜

长，具瓦纹及短毛。约与体长同长或稍短。第 2~4 节节间处及端部、第 5 节端部 1/2 处至第 6 节黑褐色。喙短粗，达中足基节。顶端黑褐色。

胸部具毛，前胸中、侧毛各 1 对，中胸 20~22 根，后胸 8~10 根。

腹部具排列整齐的毛，第 1~8 节分别具 10 毛、14 毛、14 毛、16 毛、12 毛、10 毛、8 毛、8 毛。腹管细长筒状，基部大，具缘突、切迹及淡色瓦纹。尾片长锥形，端尖，具 7~13 毛及小刺突横纹，长约为腹管的 2/3。尾板半圆形，具 19~20 短毛。生殖板具 20~22 粗短毛。

有翅孤雌蚜与无翅孤雌蚜相似，但体长约 4.0mm，宽约 1.2mm，翅脉正常。

分布：全国各地；世界各地。

寄主：苜蓿、豌豆、蚕豆、苦豆、苕草、山黧豆、黄芪、草木樨等豆科植物。

4. 苜蓿斑蚜 *Therioaphis trifolii* (Monell)，1882

异　名：*Callipterus trifolii* Monell，1882、*Callipterus genevei* Sanborn，1904、*Chaitophorus trifolii* f. *maculata*、*Therioaphis collina* Börner，1942、*Therioaphis trifoliibrevipilosa* Hille Ris Lambers *et* van den Bosch、*Pterocallidium lydiae* Börner，1949、*Pterocallidium propinqum* Börner，1949。

形态特征：无翅孤雌蚜体长约 2.0mm，宽 1.0mm，长卵形，黄色。

头部无斑，约具 20 根头形刚毛。触角细长，具短尖毛及微刺突构成横纹，两缘具尖锯齿状突。与体长相等或略短。喙短粗，达前足基节。

胸部具毛及黑褐色毛基斑。

腹部淡色，1~7 节各节具圆形缘斑。腹管短圆形，光滑，两缘具皱纹。尾片瘤状，

图 88　苜蓿斑蚜

长约腹管的 2 倍。尾板分为 2 叶，具 14~16 长毛。

有翅孤雌蚜与无翅孤雌蚜相似，但体长约 1.8mm，宽 0.8mm，翅脉正常，具昱，各脉顶端昱加宽。

分布：吉林、辽宁、北京、河北、江苏、山东、山西、陕西、宁夏、甘肃、新疆、云南、河南；美国、加拿大、中东、俄罗斯、波兰、德国、英国、芬兰、挪威、丹麦、埃及，大洋洲也有分布。

寄主：苜蓿、草木樨、三叶草、苦草和芒柄草等。

5. 牛角花齿蓟马 *Odontothrips loti* (Haliday, 1852)

异　名：*Thrips loti* Haliday，1852、*Thrips ulicis* Haliday、Physopus *ulicis* (Haliday)、*Euthrips ulicis*、*Euthrips ulicis californicus* Moulton、*Odontothrips thoracicus* Bagnall，1934、*Odontothrips ulicis* (Haliday)、*Odontothrips loti* (Haliday)、*Odontothrips uzeli* Bagnall，1919、*Odontothrips californicus* (Moulton)、*Odontothrips anthyllidis* Bagnall，1928、*Odontothrips brevipes* Bagnall，1934、*Odontothrips quadrimanus* Bagnall，1934。

图 89　牛角花齿蓟马

别名：红豆草蓟马。

形态特征：雌虫体长 1.2~1.5 mm。体暗黑色。

头部颊略外拱。背片眼后有横纹。单眼呈三角形排列于复眼中后部。单眼间鬃位于前后单眼之中部，在三角形外缘连线上。触角 8 节，第 3 节有梗，第 4 节基部较细，第 3~4 节端部略细缩。第 1~3 节逐节变长；第 3 节最长，第 4、第 6 节次之，约等长；第 7 节略短于第 8 节。第 3 节黄色。下颚须 3 节，第 1、第 3 节几乎等长，略长于第 2 节。

前胸宽约为长的 1.3 倍。前胸背片仅后角具 2 对长鬃。前翅长约 0.8 mm。基部 1/4 黄色，中部淡黑色，之后淡黄色，翅端淡黑色，具上脉鬃 18 根，下脉鬃 12 根。足胫节端部内侧具小齿，跗节第 2 节前面具 2 结节。前足胫节及后足跗节黄色。

腹部背片第 2~7 节背片两侧具稀疏横线纹，第 8 节后缘中部缺后缘梳，第 5~8 节两侧无弯梳。腹片无附属鬃。

雄虫与雌虫相似，但体型较小。背片第 9 节具 5 对大致呈弧形排列鬃，第 2 对鬃后边具 1 对短粗角状齿。

分布：河北、山西、内蒙古、宁夏、陕西、甘肃、河南；日本、蒙古、美国，欧洲各地。

寄主：苜蓿、黄花草木樨、车轴草。

6. 烟蓟马 *Thrips tabaci* Lindeman, 1889

图90 烟蓟马（引自《中国病虫原色图鉴》）

形态特征：成虫：体长 1.2~1.4mm，两种体色，即黄褐色和暗褐色。触角第 1 节色淡；第 2 节和 6~7 节灰褐色；3~5 节淡黄褐色，但 4~5 节末端色较深。前翅淡黄色。腹部第 2~8 背板较暗，前缘线暗褐色。头宽大于长，单眼间鬃较短，位于前单眼之后、单眼三角线连线外缘。触角 7 节，第 3、第 4 节上具叉状感觉锥。

前胸稍长于头，后角有 2 对长鬃。中胸腹板内叉骨有刺，后胸腹板内叉骨无刺。前翅基鬃 7 或 8 根，端鬃 4~6 根；后脉鬃 15 或 16 根。腹部 2~8 根背板中对鬃两侧有横纹，背板两侧和背侧板线纹上有许多微纤毛。第 2 背板两侧缘纵列 3 根鬃，第 8 背板后缘梳完整。各背侧板和腹板无附属鬃。

分布：内蒙古、甘肃、宁夏等。

寄主：芸芥、草木樨、辣椒。藏红花、万寿菊、黄豆、石竹、蜀葵、枸杞、萝藦、小骆驼蓬、柳树、榆树、向日葵、豇豆、茄子、韭菜、扫帚菊、大丽菊、唐菖蒲、苜蓿、杨树、槐树、丁香、沙蒿、香菜、胡萝卜、旋花、马鞭草、蓟、小蓟、落叶松、野苋、柏树、雪柳、野燕麦、小麦。

7. 苜蓿蓟马（西花蓟马）*Frankliniella occidentalis* (Perg.)

形态特征：成虫，雄性体长 0.9~1.3mm，雌性略大，长 1.3~1.8mm。

触角 8 节。身体颜色从红黄色至棕褐色，腹节黄色，通常有灰色边缘。头、胸两侧常有灰斑。翅发育完全，边缘有灰色至黑色缨毛，当翅折叠时，可在腹中部下端形成一条黑线。

卵长 0.2mm，白色，肾形。若虫，1 龄若虫无色透明，2 龄若虫黄色至金黄色。蛹

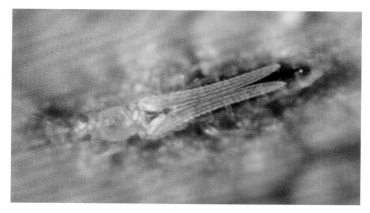

图91　苜蓿蓟马（引自《蔬菜病虫害诊治原色图鉴》）

为伪蛹，白色。

　　分布：云南、浙江、山东、北京。

　　寄主：桃、苹果、苜蓿、茄、辣椒。

8. 花蓟马 *Frankliniella intonsa* (Trybom), 1895

　　异　名：*Physopus vulgatissima*、*Frankliniella vicina*、*Physapus ater* De Geer，1744、

Physapus brevistylis Karny，1908、*Thrip intonsa* Trybom，1895、*Thrip pallid* Karay，1907、*Frankliniella formosae* Moulton，1928、*Frankliniella vulgatissimus*、*Frankliniella breviceps* Bagnall，1911。

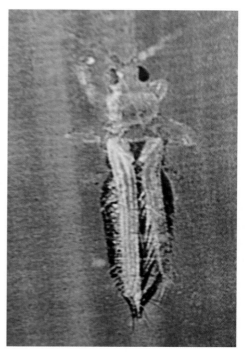

　　形态特征：雌虫体长 1.2~1.6 mm。体褐色。

　　颊头部黄褐色。额后部窄。头顶前缘仅中央突出。背片在眼后有横纹。单眼鬃较粗，在后方单眼内方，位于前、后单眼中心连线上。触角较粗，8 节，第 3 节有梗，第 3~5 节基部较细，第 3~4 节端部略细缩。第 1~3 节逐节变长；第 3 节最长，第 4、第 6 节次之，约等长；第 6~8 节逐节变短。第 3~5 节黄褐色，第 5 节端部及其余各节暗褐色。下颚须 3 节，第 1、第 2 节几乎等长，长约为第 3 节的一半。

　　前胸黄褐色，宽约为长的 1.3 倍。前胸背

图 92　花蓟马
（引自《中国现代果树病虫原色图鉴》）

片具 4 对长鬃，前角外侧各具 1 对，后角具 2 对。前翅长约 1 mm。微黄色，具上脉鬃 19~22 根，下脉鬃 14~16 根。

腹部背片第 1 节布满横纹，第 2~8 节背片仅两侧具横线纹，第 5~8 节两侧微弯，梳清楚，第 8 节后缘梳完整，梳毛基部略为三角形，梳毛稀疏而小。腹片具线纹，仅具后缘鬃，第 2 节 2 对，第 2~7 节 3 对，除第 7 节中对鬃略微在后缘之外，均着生在后缘上。

雄虫与雌虫相似，但体型较小，全身黄色。背片第 9 节鬃几乎为一横列，腹片第 3~7 节有近似于哑铃形盘域。

分布：全国各地；朝鲜、韩国、日本、蒙古、印度、土耳其，欧洲各地。

寄主：苜蓿、草木樨、刺茅、蚕豆、大丽菊、金盏菊、大蓟、棉花、木芙蓉、扶桑、芸芥、白菜、萝卜、甘蓝、葱、丝瓜、月季、苹果、梨、忍冬、胡麻、茜草、烟草、夹竹桃、荷花、美人蕉、兰花、茄子、番茄、牵牛花、海棠、沙柳、紫藤、马铃薯、地黄、牡丹、辣椒、菠菜、慈姑、麦类、玉米、水稻等。

9. 苜蓿盲蝽 *Adelphocoris lineolatus* (Goeze)，1778

异名： *Calocoris chenopodii* Fieber，1861。

形态特征：体长 6.5~9.5 mm，宽 2.5~3.5 mm。较狭长，两侧较平行，新鲜标本绿色，干标本淡污黄褐色。

头一色或头顶中纵沟两侧各具 1 黑褐色小斑；毛同底色，或为淡黑褐色，短而较平伏。触角第 1 节同体色，第 2 节略带紫褐或锈褐色，第 4、第 5 节淡污黑褐或污紫褐色，有时最基部黄白；触角毛第 1 节黑色，其余各节单色。喙伸达中足基节末端。

前胸背板胝色淡（同底色）或黑色，盘域偏后侧方各具黑色圆斑 1 个，如胝为黑色时，黑斑多大于黑色的胝；盘域毛细短，刚毛状，淡色，几平伏；胝前区具短小的闪光丝状平伏毛，该区的直立大刚毛状毛淡色；刻点浅，密度中等，不甚规则。领色同盘域，直立大刚毛状毛中的一部分黑色。小盾片中线两侧多具 1 对黑褐色纵带，具浅横皱，毛同前胸背板。爪片内半常色加深成淡黑褐色，其中爪片脉处常成黑褐色宽纵带状，内缘全

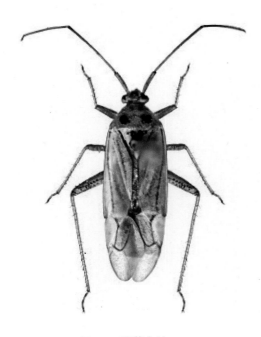

图 93　苜蓿盲蝽

长黑褐色。革片中裂与其侧的纵脉之间色深，常成三角形黑褐色，楔片末端黑褐色。膜片烟黑褐色。

分布：黑龙江、吉林、辽宁、北京、天津、河北、山西、内蒙古、宁夏、新疆、青海、陕西、甘肃、甘肃、湖北等；蒙古，欧洲。

寄主：苜蓿、草木樨、棉花、马铃薯、豌豆、菜豆、南瓜、麻类、麦类、玉米、谷子、油菜、沙枣等。

10. 绿后丽盲蝽 *Apolygus lucorum* (Meyer-Dür), 1843

异　名：*Capsus lucorum* Meyer-Dür，1843、*Lygus lucorum* (Meyer-Dür)、*Lygocoris lucorum* (Meyer-Dür)、*Lygocoris* (*Apolygus*) *lucorum* (Meyer-Dür)、*Apolygus lucorum* (Meyer-Dür)。

形 态 特 征：体 长 4.4~5.5 mm，宽 2.1~2.5 mm，新鲜标本鲜绿色，干标本淡绿色，具光泽。

头垂直；额区毛略长。头顶光滑，相对略宽；后缘脊完整。触角 4 节，第 1 节绿色，较细，伸过头端，第 2 节最长；绿色至褐色，端两节褐色。喙 4 节，末端达后足基节端部，端节黑色。

前胸背板绿色。领较细，具后倾的半直立毛。盘域后缘中段几直，具较密刻点。小盾片、前翅革片，爪片均绿色，革片端部与楔片相接处略呈灰褐色。楔片绿色。膜区暗褐色。翅室脉纹绿色。足绿色，腿节膨大；胫节有刺，刺基无小黑点；跗节 3 节，端节最长，黑色；爪 2 个，黑色。

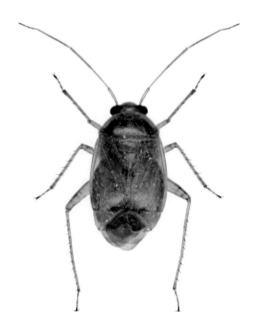

图94　红后丽盲蝽

分布：河北、山西、吉林、黑龙江、福建、江西、河南、湖北、湖南、贵州、云南、陕西、甘肃、宁夏；俄罗斯、日本、埃及、阿尔及利亚，欧洲、北美也有分布。

寄主：苜蓿、豆科牧草、麦类、玉米、谷子、高粱、水稻、棉花、白菜、苹果、梨、桃、沙枣、榆等。

11. 三点苜蓿盲蝽 *Adelphocoris fasciaticollis* Reuter, 1903

别名：三点盲蝽。

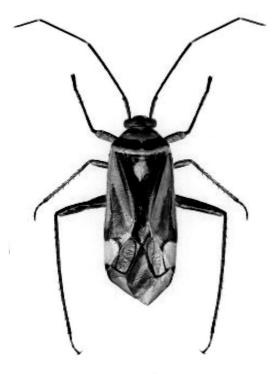

图 95　三点苜蓿盲蝽

形态特征：体长 6.0~8.5 mm，宽 2.0~3.0 mm。长椭圆形，底色淡黄褐色至黄褐色。

头有光泽，淡褐色，额部成对平行斜纹与头顶"八"字形纹带共同组成较隐约而颜色略深的"X"形暗斑状，或因上述斑纹界限模糊而头背面呈斑驳状。头背面具刚毛，黄褐色，较长，半平伏或半直立；上唇片基部直立大毛淡色及黄褐色。触角第 1 节淡污黄褐色至淡锈褐色，毛黑；第 2 节基半色同第 1 节，然后渐加深呈淡紫褐色，端部 1/3 深紫褐色至紫黑色；第 3、4 节紫褐，基部淡黄白。喙伸达后足基节末端前。

前胸背板光泽强，胝区黑，呈横列大黑斑状；盘域后半具宽黑横带，有时断续成二横带，或二横带与两侧端的两个黑斑；胝前及胝间区闪光丝状平伏毛极少，不显著，或无。前胸背板前半刚毛状毛淡色或色较深，淡褐色至黑褐色，毛基常成暗色小点状，向后渐淡；黑斑带上的毛同底色；胝毛同盘域，但甚稀疏。盘域刻点细浅较稀。领色同前胸背板底色，直立刚毛状毛同色，几无深黑褐色；弯曲淡色毛较短且少，较不显著。小盾片淡黄至黄褐色，侧角区域黑褐色；具浅横皱。爪片一色黑褐或外半黄褐色。革片及缘片同底色，后部 2/3 中央的纵向三角形大斑黑褐色，斑的深浅较一致；缘片外缘狭窄地黑褐色。爪片与革片毛二型，长密，银色闪光丝状毛侧面观狭鳞状；刚毛状毛色同底色，深色部分毛色亦加深，毛多明显长于触角第 2 节基段直径。楔片黄白，基缘不加深，端角区黑色。膜片淡烟黑褐色，脉几同色。足淡污褐色，股节深色点斑较细碎。体下几一色。腹下亚侧缘区有一断续深色纵带纹。

分布：黑龙江、吉林、辽宁、北京、河北、山西、内蒙古、宁夏、陕西、甘肃、四川、湖北、河南、山东、江苏、安徽。

寄主：苜蓿、麦类、玉米、高粱、豆类、马铃薯、向日葵、麻类、杨、柳、榆等。

12. 中黑苜蓿盲蝽 *Adelphocoris suturalis* (Jakovlev), 1882

形态特征：体长 5.5~7.0 mm，宽 2.0~2.5 mm。狭椭圆形，污黄褐色至淡锈褐色。头锈褐色，额区可具色略深且若干成对的平行横纹带；头部毛淡色，细，较稀；唇基或整个头的前半部黑色。触角黄褐色，第 2 节略带红褐色，第 3、第 4 节污红褐色，一色。触角毛淡色（第 1 节斜伸直立黑色大刚毛除外）。喙伸达后足基节。

领上的直立大刚毛状毛长，长达领粗的 2~3 倍。盘域两侧在胝后不远处各有一黑色较大的圆斑；胝前区及胝区具很稀的刚毛状毛，无闪光丝状平伏毛；盘域毛一型，无闪光丝状毛。盘域具细浅而不规则的刻点或刻皱，毛细淡，几平伏。小盾片一色黑褐，具横皱，毛约同半鞘翅。爪片内半沿接合缘为两侧平行的黑褐色宽带，与黑色的小盾片一起致使体中线成宽黑带状。革片内角与中部纵脉后部 1/3 之间为一黑褐斑，斑的前缘部分渐淡，革片内缘狭窄地淡色；爪片与革片毛二型，均为淡色，相对不甚平伏而略显蓬松状；闪光丝

图 96　中黑苜蓿盲蝽

状毛细，易与刚毛状毛混同。楔片最末端黑褐色。膜片黑褐色。刻点甚细密而浅。后足股节具黑褐色及一些红褐色点斑，成行排列。体下方在胸部侧板、腹板各足基节及腹部腹面可见黑斑，变异较大。

分布：黑龙江、吉林、河北、内蒙古、甘肃、四川、贵州、湖北、河南、山东、江苏、安徽、江西、浙江、广西；朝鲜、日本、俄罗斯。

寄主：苜蓿、棉花、毛茛子及锦葵科、豆科、菊科、伞形花科、十字花科、蓼科、唇形花科、大戟科、忍冬科、玄参科、石竹科、苋科、旋花科、藜科、胡麻科等植物。

13. 牧草盲蝽 *Lygus pratensis* (Linnaeus), 1758

形态特征：体长 5.5~7.5 mm。椭圆形，相对略狭长。底色黄，污黄褐色或略带红色色泽；有光泽。

头部黄色；额无成对平行横棱；唇基常有深色中纵带纹，端部有时黑褐色；上颚片与下颚片的交界处常深色；颊有时深色。额略宽于眼宽。触角黄，第 1 节腹面具黑色纵纹；第 2 节基部与端部黑褐色；第 3、4 节黑色。喙伸达后足基节。

前胸背板胝色淡、橙黄色或更深而成 1 对深色大斑块状；背板前侧角可见 1 小黑斑；后侧角有时具黑斑；胝内缘或内、外缘可各成黑斑状；胝后各有 1~2 个黑色斑或黑色短纵带，中央 1 对较长，伸达盘域中部，或达后部而后缘黑横带相连；侧缘可有黑

图 97　牧草盲蝽

斑带，后缘区亦同。前胸侧板可有小黑斑，有时伸达背面。盘域刻点浅或较深，密度中等。前胸侧板有小黑斑。小盾片只在基部中央具1~2条黑色纵斑带；或为1对相互靠近的三角形小斑，末端向后，成二叉状；或伸长成一端部二叉的黑色中央宽带；或二带完全愈合成完整而末端平截的宽带，基部较宽，向端渐狭，长短不一；或在基部中央有一宽短的小三角形黑斑。半鞘翅淡黄色、黄绿色或淡红褐色，革片端部常色加深成界限模糊的红褐色或锈褐色斑，脉有时红色；爪片端角以及革片外端角一般无黑斑；革片后部刻点较深而密，刻点间距离约与刻点直径相等或更短；毛短，密度中等，均匀分布，毛的末端伸达后一毛的基部，不叠覆。缘片最外缘黑。楔片末端黑；最外缘淡色，部分个体基部黑色。足同体色，后足股节端具2褐色环。

分布：黑龙江、吉林、辽宁、北京、河北、山西、内蒙古、青海、陕西、甘肃、新疆、四川、河南、山东、安徽；欧洲、美洲。

寄主：苜蓿、甜菜、豆科牧草、麦类、水稻、玉米、谷子、糜子、豆类、棉花、苹果、梨、桃、杏、杨、榆、沙枣、花棒等。

14. 小长蝽 *Nysius ericae* (Schilling), 1829

形态特征：雄虫体长3.5~4.6 mm。长椭圆形。

头淡褐色至棕褐色，每侧在单眼处有一条黑色纵带，较宽。复眼后方常黑色，复眼与前胸背板接近，眼面无毛。头密被丝状平伏毛，无平伏毛。触角褐色，第4节长度等于或略大于第2节。喙伸达后足基节后缘。头下方黑色，小颊白色，向后渐狭，下缘较直，终于近头后缘处。

前胸背板污黄褐色，胝区处成1条宽黑

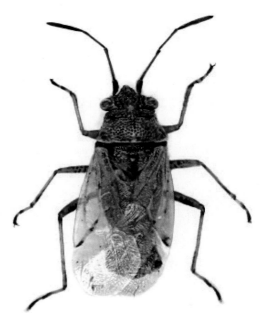

图 98　小长蝽

横带，中央往往向后延伸成 1 条黑色短纵带；具短平伏毛；梯形，宽大于长，前缘较平，前角不宽圆，侧缘较凹，后缘两侧呈短叶状后伸；具均匀而较密刻点。小盾片铜黑色，有时两侧各有 1 块大黄斑；被平伏毛，后半有时具中脊。前翅爪片及革片淡白色，半透明，翅面具平伏毛，无直立毛，无刻点，前缘基部 1/4 直，然后均匀向后微拱，革片脉上具断续的黑斑，端缘脉上尤显。膜片无色，半透明。

腹下大部分黑色，边缘常具黄色斑，或连成黄色边。

雌虫与雄虫相似，但腹下基半黑，后半两侧黑，向中部出现一些斑驳的淡色斑连成的纵纹，至中央全部为淡黄褐色。

分布：北京、天津、河北、内蒙古、陕西、甘肃、西藏、四川、河南、浙江；古北区，北美。

寄主：苜蓿、谷子、高粱、玉米、小麦、豆类、烟草、果树及杂草。

15. 斑须蝽 *Dolycoris baccarum* (Linnaeus), 1758

形态特征：成虫：体长 8~13.5mm，宽 5.5~6.5mm。椭圆形，黄褐色或紫色，密被白色绒毛和黑色小刻点。复眼红褐色。触角 5 节，黑色，第 1 节、第 2~4 节基部及末端及第 5 节基部黄色，形成黄黑相间。喙端黑色，伸至后足基节处。

前胸背板前侧缘稍向上卷，呈浅黄色，后部常带暗红。小盾片三角形，末端钝而光滑，黄白色。前翅革片淡红褐或暗红色，膜片黄褐，透明，超过腹部末端。侧接缘外露，黄黑相间。足黄褐色至褐色，腿节、胫节密布黑刻点。

分布：宁夏、华北、东北地区；日本，欧洲，西伯利亚等。

寄主：苜蓿、禾本科牧草等。

图 99　斑须蝽

16. 西北麦蝽 *Aelia sibirica* Reuter, 1884

形态特征：体长约 10.5mm，宽 4.5mm；土黄褐色、黄色浓。前胸背板及小盾片表面平整，没有刻点的淡色光滑纵纹很少，但前胸背板及小盾片纵中线两侧的黑带较窄，前胸背板侧缘黑带亦较窄，前胸背板纵中线在中部靠前处最宽，小盾片纵中线在基部最宽，均不成细线状。前翅革片沿淡色的外缘及径脉内侧有一淡黑色纵纹；各足腿节无明显黑斑。

分布：山西、内蒙古、宁夏、青海、新疆；俄罗斯，中亚、南亚也有分布。

寄主：苜蓿、麦类及禾本科牧草。

17. 红楔异盲蝽 *Polymerus cognatus* (Fieber), 1858

形态特征：体长 4.2~5.3 mm，体宽 1.5~2.15 mm。体小而较狭长。底色灰黄，光泽颇弱。两性色斑异型：雄黑色成分较多。头斜前伸，半垂直；侧面观眼高明显大于头的眼下部分高，触角窝位置靠下，接近眼的下端。雄头部黑，眼内侧有一对淡黄斑，相对较大，前伸几达眼前缘水平位置，上颚片上半与下颚片淡黄白，上颚片下半黑褐。雌虫头黄褐，中部色深，并有一些成对黑斑，排成数排。两性唇基黑。头部银白色平伏毛遍布，包括额的成对平行斜横纹区域，分布于两行刚毛状毛列之间，但眼内侧黄斑几无毛。头顶中纵沟几不可见，沟后二侧臂外方有一不甚显著的小网格状微刻区。触角污褐色。喙伸达中足基节后端。前胸背板几平置，拱隆程度弱；后缘极宽阔地向后略弧弯。领粗约头顶后缘嵴的 2 倍。雄前胸背板几全部灰黑或黑色，只后缘狭窄地黄色；雌领黄，盘域前 2/3 灰黑或黑，然后渐成黄色，侧方全黄。两性前胸背板前侧角处在胝前侧方有一较大的圆斑，表面呈黑色丝绒状其上无其他毛，雌因该处背景色淡而此斑明显。前胸背板密布银白丝状平伏毛，盘域前 2/3 以后渐无。盘域刻点密而明显，表面呈

图 100　西北麦蝽（引自《昆虫世界》：www.insecta.cn）　　图 101　红楔异盲蝽（引自《昆虫世界》：www.insecta.cn）

刻皱状。胝被毛同盘域，有时毛组成一些菱形斑。小盾片后端有一小黄斑，雄虫此斑长度为小盾片长的3/7，雌虫则超过小盾长的1/2。雄虫爪片除两端略淡外，几全为灰黑或黑褐色；革片后1/3靠中部纵脉处（向端渐扩展成沿端缘的横斑）灰黑或黑褐，边缘渐淡，成晕状；缘片黑；楔片红，外缘黑，基缘及端角黄白。雌虫爪片黑斑大致只占据长度之1/3，位于中部，向两端渐淡；革片黑斑范围较雄为小，斑的模式相似，但色深而界限更为分明；楔片缝前方黄色部分多。两性爪片与革片银白色丝状平伏毛甚丰，聚成不规则的不整齐毛斑，斑甚密；刚毛状黑褐色，较粗短，几平伏，密度中等，明显稀于闪光丝状毛，均匀散布。雄体下斑驳，外咽片两侧、前胸腹板、侧板下缘、前足基节、中胸腹板后缘附近、臭腺沟缘、中、后足基节及转节、股节腹方及胫节淡黄白，股节上多有不规则黑褐斑；股节背面黑褐；后足股节亚端部成白环状；胫节刺黑褐，基部有小黑点斑，斑常成晕状。腹下大部分为黑色。雌体下方底色全部淡黄白。足色亦更淡，但股节背面仍为褐色，后足股节腹面亚端部淡色环不显著。腹下淡黄白。阳茎端刺Ⅲ较细，基部有一大形分支。刺Ⅰ与Ⅱ之间的膜囊上有2条骨化带，具齿骨化带短小，与刺Ⅱ相连。

分布：黑龙江、吉林、北京、天津、河北、河南、山东、山西、内蒙古、甘肃、陕西、新疆、四川；蒙古、俄罗斯、欧洲、北非也有分布。

寄主：苜蓿、三叶草、草木樨等豆科植物及荞麦、甜菜、菠菜等蓼科植物、马铃薯、亚麻、红花、胡萝卜等。

18. 苜蓿夜蛾 *Heliothis viriplaca* (Hufnagel)，1766

异　名：*Phalaena viriplaca* Hufnagel，1766、*Phalaena dipsacea* Linnaeus，1767、*Heliothis dipsacea* Chen，1982、*Chlorifea dipsacea* Hampson，1903。

形态特征：雄虫体长13.8~16.2 mm，翅展25.0~37.8 mm。

头部浅灰褐带霉绿色。

胸部浅灰褐带霉绿色。前翅灰黄带霉绿色，环纹只现3个黑点，肾纹有几个黑点，中线呈带状，外线黑褐色锯齿形，与亚端线间呈污褐色；后翅赭黄色，中室及亚中褶内半带黑色，横脉纹与端带黑色。

腹部霉灰色，各节背面具微褐横条。

雌虫与雄虫相似。

分布：黑龙江、辽宁、吉林、天津、河北、内蒙古、青海、宁夏、陕西、甘肃、新疆、云南、河南、江苏；印度、缅甸、日本、叙利亚，欧洲。

图102　苜蓿夜蛾

寄主：苜蓿、豌豆、大豆、玉米、大麻、亚麻、马铃薯、棉花、甜菜、苹果、柳穿鱼、矢车菊、芒柄花等。

19. 棉铃虫 *Helicoverpa armigera* (Hübner), 1809

异名：*Noctua armigera*、*Heliothis armigera*。

图 103　棉铃虫

形态特征：雄虫翅展 30.5~38.5 mm。头部灰褐色或青灰色。

胸部灰褐色或青灰色。前翅青灰色或红褐色，基线、内线、外线均双线褐色，环、肾纹褐边，中线、亚端线褐色，外线与亚端线间常暗褐色或霉绿色；后翅白色，端部黑褐色。

腹部浅灰褐色或浅青色。

雌虫与雄虫相似。

分布：全国各地；世界各地。

寄主：苜蓿、三叶草等豆科牧草以及棉花、小麦、玉米、豌豆等。

20. 甜菜夜蛾 *Spodoptera exigua* (Hübner), 1808

异名：*Noctua exigua* Hübner，1808、*Laphygma exigua*、*Heliothis dipsacea*、*Chlorifea dipsacea*。

图 104　甜菜夜蛾

形态特征：雄虫翅展 19.2~25.5 mm。头部灰褐色。

胸部灰褐色。前翅灰褐色，基线仅前端可见双黑纹，内、外线均双线黑色，内线波浪形，剑纹为一黑条，环、肾纹粉黄色，中线黑色波浪形，外线锯齿形，双线间的前后端白色，亚端线白色锯齿形，两侧有黑点；后翅白色，翅脉及端线黑色。

腹部浅褐色。

雌虫与雄虫相似。

分布：黑龙江、吉林、辽宁、河北、宁夏、新疆、青海、陕西、甘肃、河南、山东及长江流域。

寄主：藜、蓼、苋、菊等科杂草及苜蓿、甜菜、蔬菜、棉、麻、烟草。

21. 草地螟 *Loxostege sticticalis* (Linnaeus), 1761

异名: *Loxostege fuscalis*。

形态特征: 雄虫体小型，长 8.0~10.0 mm，翅展 14.2~26.5 mm。淡灰褐色。触角鞭状。

前翅灰褐色，外缘有淡黄色的条纹，顶角内侧前缘具 1 不明显的三角形淡黄色小斑。沿外缘有明显的淡黄色波状纹，外缘有类似前翅外缘的条斑。后翅灰色，靠近翅基部较淡，外缘具 2 黑色平行波纹。静止时两翅叠合成三角形。

雌虫与雄虫相似。

图 105　草地螟

分布: 吉林、北京、河北、山西、内蒙古、宁夏、青海、陕西、甘肃、江苏；朝鲜、日本、印度、意大利、奥地利、波兰、匈牙利、捷克斯洛伐克、罗马尼亚、保加利亚、德国、俄罗斯、美国、加拿大。

寄主: 苜蓿、大豆、玉米、向日葵、马铃薯、甜菜及禾本科作物等。

22. 尖锥额野螟 *Loxostege verticalis* Linnaeus, 1758

形态特征: 翅展 26~28mm。体淡黄色。头、胸和腹部褐色。下唇须下侧白色。前翅各脉纹颜色较暗，内横线倾斜，弯曲，波纹状，中室内有 1 块环带和卵圆形的中室斑，外横线细锯齿状，由翅前缘向 Cu_2 附近伸直，又沿着 Cu_2 到翅中室角以下收缩；后翅外横线浅黑色，向 Cu_2 附近收缩，亚缘线弯曲波纹状，缘线暗黑色，翅反面脉纹与斑纹深黑色。

分布: 黑龙江、北京、河北、山东、陕西、甘肃、青海、新疆、四川、云南、江苏；朝鲜，日本，印度，俄罗斯，欧洲。

图 106　尖锥额野螟（引自《沈阳昆虫原色图鉴》）

寄主: 甜菜、苜蓿、豆类、向日葵、马铃薯、麻类、蔬菜、棉花、枸杞等。

23. 斑缘豆粉蝶 *Colias erate* Esper, 1805

形态特征: 体长约 20mm，翅展约 50mm。雄虫翅黄色，前翅外缘有宽阔的黑色区，其中有数个黄色斑，中室端有一个黑点，后翅外缘的黑斑相连成列，中室端部有橙黄色圆点，后翅圆斑银白色，周围褐色。雌虫有黄白两型。

分布：除西藏外，全国各地均有分布。

寄主：苜蓿、三叶草等豆科牧草。

图 107　斑缘豆粉蝶

24. 麦牧野螟 *Nomophila noctuella* (Denis et Schiffermüller), 1775

图 108　麦牧野螟（引自沈阳昆虫原色图鉴》）

山东、河南、江苏、湖北、台湾、广东、四川、云南；日本、印度，欧洲、北美洲也有分布。

寄主：甜菜、苜蓿、豆类、向日葵、马铃薯、麻类、蔬菜、棉花、枸杞等。

25. 苜蓿叶象 *Hypera postica* (Gyllen-hal), 1813

异名：*Hypera variabilis*。

形态特征：雄虫：体长 4.4~6.6 mm，宽 2.0~2.6 mm。全身覆盖黄褐色鳞片。

头部黑色。触角 11 节，膝状。柄节 1 节，约与索节前 5 节等长；索节 7 节，第 1 索节最长，第 2 索节次之，后 5 节很短，约等长，逐节变粗；棒 3 节，端部还有 1

形态特征：翅展 23~30mm，体灰褐色。下唇须下侧白色，腹部两侧有白色成对条纹。前翅中室基部下半部有 1 个黑色斑纹，中室中央与中室下方各有 1 个边缘深色的褐色圆斑及 1 个肾形圆斑，外横线锯齿状，在 Cu_1 到中室末端收缩，亚缘线深锯齿状，缘线锯齿状；后翅颜色较浅，翅顶部分色略深，翅缘毛末端白色。

分布：宁夏（平罗、银川、盐池、中宁、中卫）、江西、内蒙古、河北、陕西、

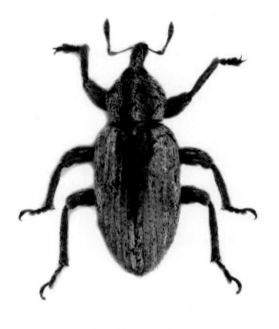

图 109　苜蓿叶象

个很小不易辨认的节，一般不另算 1 节。触角沟直。喙细长，非常弯曲。

前胸背板有 2 条较宽的褐色纵条纹，中间夹有 1 条细的灰线。鞘翅上有 3 段等长的深褐色纵条纹，靠近前胸背板的 1 段纵条纹最粗，逐段变细。

腹部黑色。

雌虫与雄虫相似。

分布：内蒙古、甘肃、新疆；英国、中亚细亚、北美洲也有分布。

寄主：苜蓿、三叶草等。

26. 苜蓿籽象 *Tychius medicaginis* Brisout, 1863

形态特征：成虫体长 2.3~2.8mm（不包括喙），体暗棕色。头部着生较小的黄白色鳞片，自触角着生处至喙末端为棕黄色，无鳞片。前胸背板密布由两侧斜向背中央的黄白色鳞片，并相遇成背中线。鞘翅鳞片黄白色，合缝处有淡色鳞片 4 列组成的条纹。纵行条纹之间，有不整齐的刻点。胸足基节和转节黑色，其他各节棕黄色。爪为双枝式，内侧 1 对较外侧的小。第二腹片两侧向后延伸成三角形，完全盖住第三腹片的两侧。

图 110 苜蓿籽象

分布：新疆、甘肃等地。

寄主：苜蓿、三叶草、草木樨等。

27. 草木樨籽象 *Tychius meliloti* Stephens, 1831

形态特征：成虫体长 2.3~2.4mm（不包括喙），体灰色，喙明显短于前胸背板，复眼不突出于头部的轮廓。胸部鳞片较窄，末端较尖，以白色为主，兼有黄色。在鞘翅缝合处有较大的白色鳞片组成的条纹，胸足基节、转节、腿节均为黑色，胫节和跗节为棕色。雄性前足胫节内侧近基部 2/5 处有一刺突。腹部第二腹片向后延伸更多，超过第三腹片，并略盖住第四腹片的前沿。

图 111 草木樨籽象（引自《昆虫世界》：www.insecta.cn）

分布：新疆、甘肃等地。

寄主：苜蓿、三叶草、草木樨等。

28. 甜菜象甲 *Bothynoderes punctiventris* (Germai, 1794)

形态特征：成虫体长 12~16mm，长椭圆形。体、翅基底黑色，密被灰至褐色鳞片。前胸灰色鳞片形成 5 条纵纹。鞘翅上褐色鳞片形成斑点，在中部形成短斜带，行间 4 基部两侧和翅瘤外侧较暗。足和腹部散布黑色雀斑。喙长而直，端部略向下弯，中隆线细而隆，长达额，两侧有深沟。额隆，中间有小窝。鞘翅上行纹细，不太明显，行间扁平，3、5、7 行较隆。

分布：黑龙江、北京、河北、山西、内蒙古、宁夏、陕西、甘肃、青海、新疆；土耳其、俄罗斯，欧洲也有分布。

寄主：禾本科、豆科牧草。

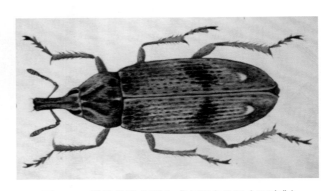

图 112　甜菜象甲（引自《宁夏农业昆虫图志》）

29. 苜蓿籽蜂 *Bruchophagus roddi* (Gussakovsky, 1933)

图 113　苜蓿籽蜂

形态特征：雌蜂：平均体长 1.91~1.97mm，体宽 0.56~0.60mm。全体黑色，头大，有粗刻点。复眼酱褐色，单眼 3 个，着生于头顶呈倒三角形排列。触角平均长为 0.61~0.65mm，共 10 节，柄节最长，索节 5 节，棒节 3 节。胸部特别隆起，具粗大刻点和灰色绒毛。前胸背板宽为长的 2 倍以上，其长与中胸盾片的长度约相等，并胸腹节几乎垂直。足的基节黑色，腿节黑色下端棕黄色，胫节中间黑色两端棕黄色。胫节末端均有短距一根。翅无色，前翅缘脉和痣脉几乎等长。平均翅展 3.39~3.51mm。腹部近卵圆形，有黑色反光，末端有绒毛。产卵器稍突出。外生殖器第二负瓣片端部和基部的连线与第二基支端部和基部的连线之间的夹角大于 20°，小于 40°，第二负瓣片弓度较小。

雄蜂：体黑色，体型略小。形态特征与雌蜂相似。平均体长 1.60~1.66mm，平均体宽 0.47~0.49mm。平均触角长 0.83~0.87mm，共 9 节，第 3 节上有 3~4 圈较长的细毛，第 4~8 节各为 2 圈，第 9 节则不成圈。平均翅展 2.93~3.05mm。腹部末端圆形。

分布：新疆、甘肃、内蒙古、陕西、山西、河北、河南、山东、辽宁等省区。

寄主：苜蓿、三叶草、草木樨、沙打旺、紫云英、鹰嘴豆、百脉根、骆驼刺等。

30. 东北大黑鳃金龟 *Holotrichia diomphalia* (Bates), 1888

形态特征：成虫体长 16~21mm，宽 8~11mm，黑色或黑褐色，具光泽。触角 10 节，鳃片部 3 节，共同褐色或赤褐色，前胸背板两侧弧扩，最宽处在中间。鞘翅长椭圆形，于 1/2 后最宽，每侧具 4 条明显纵肋。前足胫节具 3 外齿，双爪式，爪腹面中部有竿直分裂的爪齿。雄虫瓣臀节腹板中间具明显的三角形凹坑；雌虫瓣臀节腹板中间无三角坑，具 1 横向枣红色棱形隆起骨片。

分布：东北、华北各省区。

寄主：苏丹草、羊草、披碱草、狗尾草、猫尾草、燕麦、早熟禾、黑麦草、羊茅、狗牙根、红豆草、三叶草、苜蓿等。

图 114　东北大黑鳃金龟
（引自《辽宁甲虫原色图鉴》）

31. 华北大黑鳃金龟 *Holotrichia oblita* (Faldermann), 1835

图 115　华北大黑鳃金龟（引自《辽宁甲虫原色图鉴》）

形态特征： 与东北大黑鳃金龟极相似。不同处在于本种：唇基前缘中凹较显（前者微凹）；雄虫臀板隆凸顶尖圆尖（前者顶尖横宽，为一纵沟从中均分为2小圆丘）；雄虫触角鳃片部约等于其前节长之和（前者显长于前6节长之和）。

分布： 黄淮海地区。

寄主： 苏丹草、羊草、披碱草、狗尾草、猫尾草、燕麦、早熟禾、黑麦草、羊矛、狗牙根、红豆草、三叶草、苜蓿等。

32. 黄褐丽金龟 *Anomala exolea* Faldermann, 1835

图116 黄褐丽金龟（引自《辽宁甲虫原色图鉴》）

形态特征： 成虫：体长15~18mm，卵圆形，黄褐色，有金黄色、绿色闪光。头部褐色，复眼黑色。唇基、额和头顶密布细点刻、触角黄褐至褐色，有细毛，端部3节片状部比前两种显著长。前胸背板两侧不很突出，前缘较平直，中央稍突起。后缘中央显著突出，前胸背板周缘有细边，密布细点刻，两侧有稀疏细毛，后缘中央向后生金黄色毛。小盾片横三角形，前缘凹入，暗褐色，密布点刻。鞘翅在2/3处最宽，肩角明显，有点刻构成的纵沟纹多条。足黄褐色，前胫节端部和外侧中部有尖齿，内侧中部有短距，中、后胫节外侧中部有刺毛丛，端部各有1对端距和数个小刺，爪长而简单。胸腹部腹面和足都有黄毛，胸部腹面和胫节内侧的毛密而长，腹部腹面的毛较稀而短，跗节各亚节端部有稀疏长毛，下面各有褐色尖刺2个。

分布： 除西藏、新疆无报道外，分布其他各省区。

寄主： 苏丹草、羊草、披碱草、狗尾草、猫尾草、燕麦、早熟禾、黑麦草、羊矛、狗牙根、红豆草、三叶草、苜蓿等。

33. 铜绿丽金龟 *Anomala corpulenta* Motschulsky, 1853

形态特征： 成虫：体长16~22mm，宽8.3~12mm。长椭圆形，体背面铜绿色具光泽。鞘翅色较浅，呈淡铜黄色，腹面黄褐色，胸腹面密生细毛，足黄褐色，胫节、跗节深褐色。

头部大、头面具皱密点刻，触角9节鳃叶状，棒状部3节黄褐色，小盾片近半圆形，鞘翅具肩凸，左、右鞘翅上密布不规则点刻且各具不大明显纵肋4条，边缘具膜质饰边。臀板黄褐色三角形，常具形状多变的古铜色或铜绿色斑点 1~3 个，前胸背板大，前缘稍直，边框具明显角质饰边；前侧角向前伸尖锐，侧缘呈弧形；后缘边框中断；后侧角钝角状；背板上布有浅细点刻。腹部每腹板中后部具 1 排稀疏毛。前足胫节外缘具 2 个较钝的齿；前足、中足大爪分叉，后足大爪不分叉。

分布：除西藏、新疆无报道外，分布其他各省区。

寄主：苏丹草、羊草、披碱草、狗尾草、猫尾草、燕麦、早熟禾、黑麦草、羊矛、狗牙根、红豆草、三叶草、苜蓿等。

图 117　铜绿丽金龟
（引自《辽宁甲虫原色图鉴》）

34. 东方绢金龟 *Serica orientalis* Motschuisky, 1857

异名：*Maladera orientalis*。

形态特征：雄虫体长 6.0~9.0 mm，宽 3.5~5.5 mm。体小型，近卵圆形。棕褐色或黑褐色，少数淡褐色，体表较粗而晦暗，有微弱丝绒般闪光。

头大。唇基油亮，刻点皱密，有少量刺毛，中央微隆凸。额唇基缝钝角形后折。额上刻点较稀较浅，头顶后头光滑。触角 9 节，少数 10 节，鳃片部由后 3 节组成。

前胸背板短阔，后缘无边框。小盾片长大三角形，密布刻点。前足胫节外缘 2 齿；后足胫节较狭厚，布少数刻点，胫端 2 端距着生于跗节两侧。鞘翅有 9 条刻点沟，沟间带微隆拱，散布刻点，缘折有成列纤毛。胸部腹板密被绒毛。

腹部每腹板有 1 排毛。臀板宽大三角形，密布刻点。

雌虫与雄虫相似。

分布：黑龙江、吉林、辽宁、北京、天津、河北、山西、内蒙古、宁夏、青海、陕西、甘肃、四川、贵州、湖北、河南、山东、江苏、安徽、浙江、福建、台湾；蒙古、日本、朝鲜、俄罗斯。

寄主：成虫为害苜蓿、大豆、绿豆、花生、棉花、麻类、玉米、高粱、小麦、苹果、杨、

图 118　东方绢金龟

榆、柳、桑、沙枣、刺槐、核桃等，幼虫为害各种作物地下部分。

35. 白星花金龟 *Protaetia (Liocola) brevitarsis* (Lewis), 1879

异名：*Cetonia brevitarsi*、*Potosia brevitarsi*。

图 119　白星花金龟

别名：白星花潜、白纹铜色金龟、白星金龟子、铜克螂。

形态特征：雄虫体长 17.6~22.5 mm，宽 11.5~12.8 mm。体中型到大型，狭长椭圆形。古铜色、铜黑色或铜绿色，光泽中等，布左右大致对称的白色绒斑。

头部唇基俯视呈近六边形，前缘近横直，弯翘，中段微弧凹，两侧隆棱近直，左右约平行，布紧密刻点刻纹。触角 10 节，鳃片部由后 3 节组成。棕黑色。

前胸背板前窄后阔，前缘无边框，侧缘略呈"S"形弯曲，侧方密布斜波形或弧形刻纹，散布大量乳白绒斑，有时沿侧缘有带状白纵斑。小盾片长三角形。中胸腹突基部明显缢缩，前缘微弧弯或近横直。前足胫节外缘 3 锐齿，内缘距端位。跗节短壮，末节端部具 1 对近锥形爪。鞘翅侧缘前段内弯，表面多绒斑，较集中的可分为 6 团，团间散布小斑。

腹部臀板有 6 绒斑。腹板密被绒毛，两侧具条纹状斑。

雌虫与雄虫相似。

分布：黑龙江、吉林、辽宁、北京、河北、山西、内蒙古、宁夏、青海、陕西、甘肃、西藏、四川、云南、湖北、湖南、河南、山东、江苏、安徽、江西、浙江、福建、台湾；日本、朝鲜、俄罗斯、蒙古。

寄主：豆科、禾本科牧草。

36. 阔胸禾犀金龟 *Pentodon mongolicus* Motschulsky, 1849

异名：*Pentodon patruelis* Frivaldszky，1890。

形态特征：雄虫体长 17.2~25.8 mm，宽 9.4~14.0 mm。体中型至大型，短壮卵圆形，背面隆拱。赤褐色或黑褐色，腹面着色常较淡。

头阔大。唇基长大梯形，密布刻点，前缘平直，两端各呈一上翘齿突，侧缘斜直。额唇基缝明显，由侧向内微向后弯曲，中央有 1 对疣凸，疣凸间距约为前缘齿距的

1/3。额上刻纹粗皱。触角 10 节，鳃片部由后 3 节组成。

前胸背板宽，十分圆拱，散布圆大刻点，前部及两侧刻点皱密，侧缘圆弧形，后缘无边框，前侧角近直角形，后侧角圆弧形。前胸垂突柱状，端面中央无毛。足粗壮。前足胫节扁宽，外缘 3 齿，基齿中齿间有 1 小齿，基齿以下有 4 小齿；后足胫节胫端缘有 17~24 刺。鞘翅纵肋隐约可辨。

腹部臀板短阔微隆，散布刻点。

雌虫与雄虫相似。

分布：黑龙江、吉林、辽宁、北京、河北、山西、内蒙古、宁夏、青海、陕西、甘肃、河南、山东、江苏、浙江；蒙古。

图 120　阔胸禾犀金龟

寄主：豆科、禾本科牧草。

37. 异形琵甲 *Blaps (Blaps) variolosa* Faldermann, 1835

异名：*Blaps tschiliana* Wilke，1921。

形态特征：雄虫体长 26.0~28.5 mm，宽 9.0~10.5 mm。体大型，粗壮，亮黑色。

唇基前缘直；额唇基沟明显；头顶平坦，圆刻点粗大稠密。触角粗壮，长超过前胸背板基部；第 2~7 节圆柱形，第 7 节较宽，第 8~10 节圆球形，末节尖卵形。

前胸背板近方形；前缘弧凹，饰边不明显；侧缘扁平，中部最宽，向前强烈、向后虚弱收缩，饰边完整；基部微凹，饰边宽裂；前角圆钝，后角直略锐角形，略后伸；盘区拱起，周缘压扁，刻点圆而粗密，在周缘汇合。前胸侧板纵皱纹粗大稠密；前胸腹突中沟深，垂降。

鞘翅粗壮；侧缘弧形，中部之前最宽，饰边完整可见；盘区略隆，有粗糙横皱纹，沿翅缝有纵凹，翅坡急剧降落；翅尾长 3.0~4.0mm，两侧平行，顶圆，具背纵沟，端部略弯下。肛节中间扁凹；第 1、2 可见腹板间无毛刷。

前足腿节棒状，胫节外侧直，内侧略弯；

图 121　异形琵甲

后足第 1 跗节不对称。

雌虫体长 25.0~27.5 mm，宽 10.0~12.0 mm。与雄虫相似，但翅尾较短（2.5~3.0 mm）。

分布：内蒙古、陕西、甘肃、宁夏；俄罗斯、蒙古、土库曼斯坦。

寄主：杂。

38. 皱纹琵甲 *Blaps (Blaps) rugosa* Gebler, 1825

异　名：*Blaps scabripennis* Faldermann，1835、*Blaps variolosa* Fischer von Waldheim，1844、*Blaps variolota* Gemminger，1870。

形态特征：雄虫体长 15.0~22.0 mm，宽 7.5~9.5 mm。体宽卵形，黑色，弱光亮。

图 122　皱纹琵甲

上唇椭圆形，圆刻点稠密，前缘弧凹，棕色刚毛稠密；唇基前缘平直，侧角略前伸，侧缘与前颊连接处有浅凹，额唇基沟明显；前颊较眼窄；头顶中央隆起，粗圆刻点稠密。触角粗短，长达前胸背板中部；第 3 节最长，为第 4 节 2.0 倍，第 4~6 节短，长宽近相等，第 7 节圆柱形，第 8~10 节横球形，末节卵形，端 4 节端部具稠密短毛和少量长毛。额椭圆形，粗糙，前缘直。

前胸背板近方形，宽大于长 1.1 倍，前缘：最宽处：基部的宽度比为 3.5：4.7：4.0；前缘弧凹，饰边宽断；侧缘端 1/4 略收缩，中后半部近平行，细饰边完整；基部中间平直，两侧弱弯，无饰边；前角圆直角形，后角尖锐且略后伸；盘区端部略向下倾斜，中部略隆起，基部扁平，中纵沟明显或不明显，圆刻点稠密，较其间距略宽。前胸侧板有纵皱纹浅，在基节窝附近较清晰，散布稀疏小颗粒；前胸腹突中凹，垂直下折，末端较平并具毛。中、后胸具稠密小颗粒。小盾片小，多数隐藏，直三角形，被黄白色密毛。

鞘翅卵形，长大于宽 1.9 倍；基部较前胸背板基部宽；侧缘长弧形，背观不见饰边全长；盘区圆拱，横皱纹短且明显，两侧及端部小颗粒稠密；翅坡降落；翅尾短；假缘折具稀疏细纹和刻点。腹部光亮，第 1~3 可见腹板中部横纹明显，两侧浅纵纹稠密；端部 2 节具稠密刻点和细短毛；第 1、2 可见腹板间具红色毛刷。

前足胫节直，端部外侧略扩展，端距尖锐，个别钝；中、后足胫节具稠密刺状毛；后足第 1 跗节不对称，第 1~4 跗节较长度比为 13.0：3.5：4.5：11.5。

阳茎基板长于阳基侧突 2.5 倍，阳基侧突短，端部较尖，长大于宽 1.7 倍。

雌虫体长 17.0~22.0 mm，宽 8.0~10.0 mm。与雄虫相似，但翅尾不明显；端生殖刺突顶圆，背面具刻点。

分布：河北、内蒙古、辽宁、吉林、陕西、甘肃、青海、宁夏；蒙古、俄罗斯。

寄主：农作物、杂草等。

39. 北京侧琵甲 *Prosodes (Prosodes) pekinensis* Fairmaire, 1887

异　名：*Prosodes motschulskyi* Frivaldszky，1889、*Prosodes (Platyprosodes) kreitneri* Reitter，1909。

别名：克氏侧琵甲。

形态特征：雄虫体长 21.1~25.0 mm，宽 7.6~8.0 mm。体黑色，狭长，背面无光泽，体下有弱光泽；触角栗褐色，口须、胫节端距和腹部中间发红。

唇基前缘直，两侧颊角浅凹；前颊外扩，后颊非常凸出，向颈部急缩；头顶刻点圆，中央稀疏，两侧渐粗。触角向后长达前胸背板中部；第 2~7 节圆柱形，第 8~10 节球形，末节尖心形，第 1、7 节最粗，第 3 节长约为第 4 节 1.3 倍，第 3~7 节多毛。

前胸背板横宽，宽大于长约 1.6 倍；前缘凹，无饰边；侧缘圆弧形，从前向中后方渐变宽，在后角之前收缩，外缘翘起；基部宽凹；

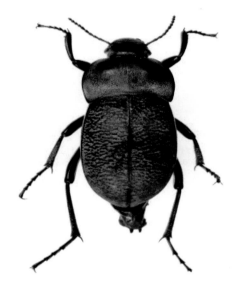

图 123　北京侧琵甲

后角钝角形，中间具缘毛；盘区较平坦，有均匀长圆形刻点，刻点在低陷处拥挤成皱纹状，侧缘后半部宽扁翘。前胸侧板密布纵皱纹；前足基节间腹突中间深凹，其下折部分的端部变宽并向外凸出。

鞘翅两侧直，中部最宽；翅端强烈下弯；背面布锉纹状小粒和扁皱纹，并向翅端消失；翅下折部分和假缘折有不规则细皱纹。腹部极度隆起，布稀疏小刻点，以肛节最为清楚。

所有腿节棒状；后足相对较长；前胫节内缘直，外缘前端深凹，跗节下面有突垫；后胫节长达腹部末端，末跗节最长。

雌虫体长 24.4~26.5 mm，宽 8.0~9.5 mm。与雄虫相似，但体型较雄性宽大，鞘翅端部平缓弯下。

分布：北京、河北、山西、陕西、甘肃、宁夏。

寄主：多食性。

40. 沟金针虫 *Pleonomus canaliculatus* Faldermann

形态特征： 雄虫体长 14~18mm，宽约 4mm；雌虫体长 16~17mm，宽约 5mm。

图 124　沟金针虫

雄虫体瘦狭，背面扁平；触角 12 节，细，约与体等长，第 1 节粗、棒状、略弓弯，第 2 节短小，第 3~6 节明显加长而宽扁，自第 6 节起，渐向端部趋狭、略长，末节顶端尖锐；鞘翅狭长，两则近平行，端前略狭，末端略尖；足细长。雌虫体宽阔，背面拱隆；触角 11 节，短粗，后伸鞘翅基部，第 3~10 节各节基细端粗；鞘翅肥阔，末端钝圆，表面拱凸；足粗短。爪均单尺式。

分布： 南达长江流域沿岸，北至东北地区南部和内蒙古，西至甘肃、陕西、青海。

寄主： 猫尾草、看麦娘、无芒雀麦、狐茅草、鸡脚草以及苜蓿、三叶草等。

41. 细胸金针虫 *Agriotes fuscicollis* Miwa

图 125　细胸金针虫

形态特征： 体长 8~9mm，宽约 2.5mm，细长，背面扁平，被黄色细绒毛。头、胸部棕黑色；鞘翅、触角、足棕红色。唇基不分裂。触角着生于复眼前缘，被额分形；触角细短，向后不达前胸后缘，第 1 节最粗长，第 2 节稍长于第 3 节，自第 4 节起呈锯齿状，末节圆锥形。前胸背板长稍大于宽，基部与鞘翅等宽，侧边很窄，中部之前明显向下弯曲，至复眼下缘；后角尖锐，伸向斜后方，顶端多少上翘；表面拱凸，刻点深密。小盾片略仿心脏形，覆毛极密。鞘翅狭长，至端部稍缢尖；每翅具 9 行纵行刻点沟。各足第 1~4 跗节节长渐短，爪单齿式。

分布： 南达淮河流域，北至东北以及西北地区。

　　寄主：猫尾草、看麦娘、无芒雀麦、狐茅草、鸡脚草以及苜蓿、三叶草等。

42. 宽背金针虫 *Selatosomus latus* Fabricius

　　形态特征：雌成虫体长 10.5~13.1mm；雄成虫体长 9.2~12mm，粗短宽厚。头具粗大刻点。触角短，端不达前胸背板基部，第 1 节粗大，棒状，第 2 节短小，略呈球形，第 3 节比第 2 节长 2 倍，从第 4 节起各节略呈锯齿状。前胸背板横宽，侧缘具有翻卷的边沿，向前呈圆形变狭，后角尖锐状，伸向斜后方。小盾片横宽，半圆形。鞘翅宽，适度凸出，端部具宽卷边，纵沟窄，有小刻点，沟间凸出。鞘翅宽，适度凸出，端部具宽卷边，纵沟窄。体黑色，前胸和鞘翅带有青铜色或蓝色。触角暗褐色，足棕褐色，后跗节明显短于胫节。

图 126　宽背金针虫

　　分布：西达新疆，北至内蒙古、黑龙江以及宁夏、甘肃等省区。

　　寄主：猫尾草、看麦娘、无芒雀麦、狐茅草、鸡脚草以及苜蓿、三叶草等。

43. 褐纹金针虫 *Melanotus caudex* Lewis

　　形态特征：成虫体长 8~10mm，宽约 2.7mm。黑褐色，生有灰色短毛。头部凸形，黑色，布粗点刻，前胸黑色，但点刻较头部小。唇基分裂。触角、足暗褐色，触角第 2、3 节略成球形第 4 节较第 2、3 节稍长，第 4~10 节锯齿状。前胸背板长明显大于宽，后角尖，向后凸出。鞘翅狭长，自中部开始向端部逐渐缢尖，每侧具9 行列点刻。各足第 1~4 跗节节长渐短，爪梳状。

　　分布：分布于华北地区。

　　寄主：猫尾草、看麦娘、无芒雀麦、狐茅草、鸡脚草以及苜蓿、三叶草等。

图 127　褐纹金针虫

44. 苜蓿丽虎天牛 *Plagionotus floralis* (Pallas)

形态特征：体长 12.5~16mm，宽 3.8~4mm。体黑色，具淡黄色绒毛斑纹，腹面被绒毛，中胸前侧片和后胸前侧片的绒毛浓厚。触角和足红棕色，有时前足、中足腿节略深暗。头部除后头外，均薄被绒毛。前胸背板有 2 条横带，分别位于前缘和后缘之前，二横带的两端在侧板处相连接成环。小盾片密被绒毛。每个鞘翅有 6 个斑纹。复眼下叶大，近三角形，长于其下颊。额横宽，具中纵沟；头部具细密刻点。触角基瘤互相远离，雄虫触角伸至鞘翅中部，雄虫略短；柄节短于第 3 节，与第 4 节约等长，2~4 节下面具缨毛。前胸背板宽大于长，密布细刻点；小盾片半圆形。翅面密布细刻点。足中等大小，后足第 1 跗足长等于其余 3 节之和。

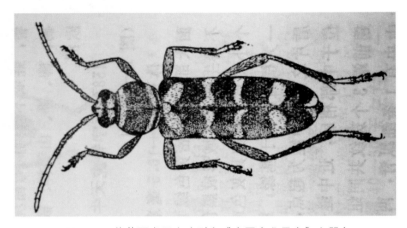

图 128　苜蓿丽虎天牛（引自《中国农业昆虫》上册）

分布：新疆、宁夏。

寄主：苜蓿、三叶草等。

45. 豆芫菁 *Epicauta (Epicauta) gorhami* (Marseul), 1873

异名：*Epicauta taishoensis* Lewis，1879。

别名：白条芫菁。

形态特征：雄虫体长 10.2~18.8 mm，宽 2.5~4.8 mm。

头红色，具棕黑色毛。头顶具 1 黑色中央纵纹，触角基部具 1 对黑色"瘤"，有时近复眼内侧亦为黑色。触角 11 节，第 1 节长约为宽的 2.5 倍；第 2 节的长约等于宽；第 3~7 节变扁并向一侧展宽，每节外侧各有 1 条纵凹槽，第 3 节长三角形，第 4~5 节倒梯形，宽大于长，第 6 节长约等于宽，第 7 节长大于宽；第 8~11 节长柱形，末节加长。第 1~4 节一侧暗红色，其余黑色。触角具棕黑色毛。复眼黑色，光裸。下颚须 4 节，第 1 节最短，次末节略短于前后两节，末节端部膨大，端弧形，宽三角形；黑色，具白色毛。

前胸背板长大于宽，中央具明显纵沟。黑色，两侧及纵沟处具白色毛，其余具黑色毛。前足腿节腹面近端部表面凹陷，此处密生白色软毛；胫节具2暗红色距；跗节5-5-4，前足第1跗节左右侧扁，基部细，端部膨胀，斧状；跗爪背叶腹缘光滑无齿。跗节第1节基部和跗爪暗红色，其余黑色。足跗节具棕黑色毛，其余具白色毛。鞘翅黑色，侧缘、端缘、中缝和中央纵纹具白色毛，其中中央纵纹平直，长达末端1/6处，其余具黑色毛。

腹部黑色，具白色毛。

雌虫与雄虫相似，但触角丝状，前足第1跗节正常柱状。

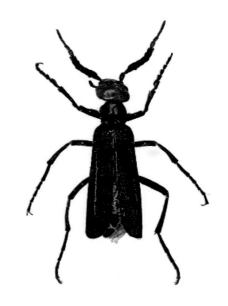

图129　豆芫菁

分布：北京、天津、河北、山西、内蒙古、陕西、四川、贵州、湖北、湖南、河南、山东、江苏、安徽、江西、浙江、福建、广东、广西、海南、台湾、香港；韩国、日本。

寄主：苜蓿、豆类、花生、马铃薯、甘薯、棉花、甜菜、蕹菜等。

46. 西北豆芫菁 *Epicauta* (*Epicauta*) *sibirica* (Palla), 1773

异　名：*Epicauta pectinata* Goeze，1777、*Epicauta dubia* Fiseher von Waldheim，1823。

形态特征：雄虫体长12.0~20.2 mm，宽3.1~5.2 mm。

头大部分红色，具棕黑色毛。头顶具1暗红色中央纵纹。复眼内侧黑色。触角11节，第1节长约为宽的2倍；第2节的长约等于宽；第3节倒锥状；第4~9节变扁并向一侧展宽，第4~7节倒梯形，第6节最宽，第8~9节倒三角形；第10~11节长柱形，末节加长。第1~2节一侧暗红色，其余黑色。触角具棕黑色毛。复眼黑色，光裸。下颚须4节，第1节最短，次末节略短于前后两节，末节端部膨大，端弧形，宽三角形；每节基部暗红色，其

图130　西北豆芫菁

153

余黑色，具白色和棕黑色毛。

前胸背板长略大于宽，中央具纵沟，基部中央凹陷。黑色，具黑色毛。前足腿节腹面近端部表面凹陷，此处密生白色软毛；胫节具 2 暗红色距；跗节 5-5-4，前足第 1 跗节左右侧扁，基部细，端部膨胀，刀状；跗爪背叶腹缘光滑无齿。跗爪暗红色，其余黑色。足内侧具灰白色毛，其余具黑色毛。鞘翅黑色，具黑色毛。

腹部黑色，具黑色毛。

雌虫与雄虫相似，但触角丝状，前足第 1 跗节正常柱状。

分布：黑龙江、吉林、辽宁、北京、河北、山西、内蒙古、宁夏、青海、陕西、甘肃、新疆、四川、湖北、河南、江西、浙江、广东；蒙古、日本、俄罗斯、哈萨克斯坦、越南、印度尼西亚。

寄主：成虫为害玉米、南瓜、向日葵、糜子、甜菜、马铃薯、瓜类、豆类、蔬菜、黄芪及苜蓿等豆科植物等，幼虫取食蝗虫卵。

47. 疑豆芫菁 *Epicauta (Epicauta) dubia* Fabricius, 1781

异名：*Epicauta sibirica* LeConte，1866。

别名：存疑豆芫菁、黑头黑芫菁。

形态特征：雄虫体长 12.2~20.5 mm，宽 3.2~5.4 mm。

头大部分黑色，具棕黑色毛。额部中央具 1 长红斑，两侧后头红色。触角 11 节，第 1 节长约为宽的 2 倍，第 2 节的长约等于宽，第 3~9 节变扁并向一侧展宽，第 3 节长三角形，第 4~7 节倒梯形，第 6 节最宽，第 8~9 节倒三角形，第 10~11 节长柱形，

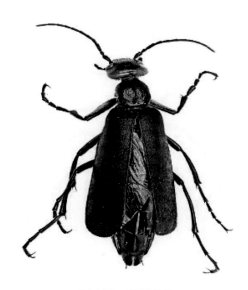

末节加长。触角第 1~2 节一侧暗红色，其余黑色。触角具棕黑色毛。复眼黑色，光裸。下颚须 4 节，第 1 节最短，次末节略短于前后两节，但长度与末节相差很小，末节端部膨大，端弧形，宽三角形。每节端部黑色，其余暗红色，具白色毛。

前胸背板长略大于宽，中央具纵沟。黑色，具黑色毛。前足腿节腹面近端部表面凹陷，此处密生白色软毛；胫节具 2 暗红色距；跗节 5-5-4，前足第 1 跗节左右侧扁，基部细，端部膨胀，刀状；跗爪背叶腹缘光滑无齿。跗爪暗红色，其余黑色。足具黑色毛。鞘翅黑色，具黑色毛。

腹部黑色，具黑色毛。

图 131　疑豆芫菁

雌虫与雄虫相似，但触角丝状，前足第 1 跗节正常柱状。

分布：黑龙江、吉林、辽宁、北京、河北、山西、内蒙古、宁夏、青海、陕西、甘肃、四川、西藏、湖北、江苏、江西；蒙古、朝鲜、韩国、日本、俄罗斯、哈萨克斯坦。

寄主：成虫为害苜蓿、豆类、花生、马铃薯、甘薯、棉花、甜菜、蕹菜等，幼虫取食蝗虫卵。

48. 中华豆芫菁 *Epicauta (Epicauta) chinensis* Laporte, 1840

别名：中国豆芫菁、中华黑芫菁。

形态特征：雄虫体长 12.2~23.5 mm，宽 3.0~5.5 mm。

头横向，后头长大于复眼宽，两侧向后加宽，后角变圆，后缘平直；背面刻点粗密，刻点之间的距离小于其宽，表面光亮。红色被灰白毛。额部中央具 1 长圆形小红斑，两侧后红色。触角长达体中部，第 3~10 节变扁并向一侧展宽，第 3 节长三角形，第 4~8 节倒梯形，第 4 节基部宽大于长的 3 倍，第 6 节最宽，第 9、10 节倒三角形，末节不具尖。触角基节一侧暗红色，基部 6 节腹面被灰白毛。下颚须次末节最短，末节端部膨大弧圆，宽三角形。各节基部暗红色，被灰白毛。

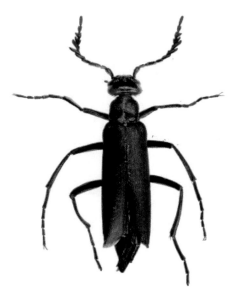

图 132　中华豆芫菁

前胸背板约与头同宽，近前端三分之一处最宽，之前突然变狭，之后两侧近乎平行，后缘平直；盘区具 1 明显的中央纵沟，基部中央亦明显凹陷，刻点与头部的等同，刻点之间光亮。前胸背板两侧、后缘和中央纵沟两侧被灰白毛。足细长。前足胫节平直，具 2 短距等同，细直尖；后足胫节 2 短距细直尖，内端距较长。前足第 1 跗节左右侧扁，基部细，端部膨阔，斧状，约为第 2 跗节长度的 1.5 倍，短于胫节长度的一半。各足基节，腿节内侧和胫节外侧，前足腿节、胫节和第 1、2 跗节内侧被灰白毛。鞘翅基部宽于前胸 1/3，两侧平行，肩圆而不发达；盘区刻点明显，较前胸的细密，具光泽。侧缘、端缘和中缝被灰白毛。

腹部被灰白毛。

雌虫与雄虫相似，但触角基部的"瘤"小；触角丝状；前足第 1 跗节正常柱状，胫节第 2 短距较长，直细尖。

分布：黑龙江、吉林、辽宁、北京、天津、河北、山西、内蒙古、宁夏、陕西、甘肃、新疆、四川、湖北、湖南、河南、山东、江苏、安徽、江西、台湾；朝鲜、韩国、日本。

寄主：成虫为害紫苜蓿、穗槐、槐树、豆类、甜菜、玉米、马铃薯等，幼虫取食蝗虫卵。

49. 红头纹豆芫菁 *Epicauta (Epicauta) erythrocephala* (Pallas), 1776

异名：*Epicauta latelineolata* Mulsant & Rey，1858、*Epicauta albivittis* Pallas，1781、*Meloe sonchi* Gmelin，1790、*Meloe lineata* Thunberg，1791。

形态特征：雄虫体长 9.1~20.2 mm。

图 133　红头纹豆芫菁

头红色，具棕黑色毛。头顶具 1 黑色中央纵纹，触角基部具 1 对暗红色"瘤"。触角 11 节，具棕黑色毛。复眼黑色，光裸。下颚须 4 节，第 1 节最短，次末节略短于前后两节，末节端部膨大；下颚须黑色，具白色毛。

前胸背板中央具明显纵沟。黑色，两侧及纵沟处具白色毛，其余具黑色毛。前足腿节腹面近端部表面凹陷，此处密生白色软毛；胫节具 2 暗红色距，后足胫节端距细，内端距较长；跗节 5-5-4，前足第 1 跗节加粗，呈柱状；跗爪背叶腹缘光滑无齿。跗节第一节基部和跗爪暗红色，其余黑色。足跗节具棕黑色毛，其余具白色毛。鞘翅黑色，侧缘、端缘、中缝和中央纵纹具白色毛，其余具黑色毛。

腹部黑色，具白色毛。

雌虫与雄虫相似。

分布：新疆、广东、海南；阿富汗、伊朗、保加利亚、哈萨克斯坦、塔吉克斯坦、乌兹别克斯坦、外高加索、土库曼斯坦、小亚细亚、俄罗斯。

寄主：苜蓿等豆科牧草。

50. 绿芫菁 *Lytta (Lytta) caraganae* (Pallas, 1781)

异名：*Lytta pallasi* Gebler，1829

形态特征：雄虫体长 11.0~17.5 mm，宽 3.2~5.6 mm。

头部刻点稀疏，金属绿或蓝绿色。额中央具 1 橙红色斑。触角约为体长的 2/3，11

节，5~10 节念珠状。

前胸背板短宽，前角隆起突出，后缘稍呈波浪形弯曲；光滑，刻点细小稀疏；前端 1/3 处中间有 1 圆凹洼，后缘中间的前面有 1 横凹洼。中足腿节基部腹面有 1 根尖齿；前足、中足第 1 跗节基部细，腹面凹入，端部膨大，呈马蹄形。鞘翅具细小刻点和细皱纹，铜色或铜红色金属光泽，光亮无毛。

雌虫与雄虫相似。

分布：黑龙江、吉林、辽宁、北京、河北、山西、内蒙古、宁夏、青海、陕西、甘肃、新疆、湖北、湖南、河南、山东、江苏、安徽、浙江、江西、上海；蒙古、朝鲜、日本、俄罗斯。

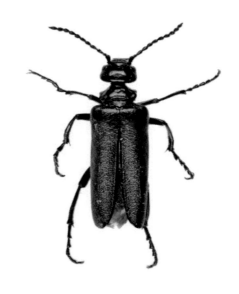

图 134　绿芫菁

寄主：成虫为害苜蓿、柠条、黄芪、锦鸡儿、国槐、刺槐、紫穗槐、豆类、花生，幼虫取食蝗虫卵。

51. 苹斑芫菁 *Mylabris* (*Eumylabris*) *calida* (Palla), 1782

异　名： *Mylabris maculata* A. G. Olivier, 1795、*Mylabris bimaculata* A. G. Olivier, 1811、*Mylabris cincta* A. G. Olivier, 1811、*Mylabris decora* A. G. Olivier, 1811、*Mylabris maura* Chevrolat, 1840、*Mylabris niligena* Reiehe, 1866、*Zonabris latifasciata* Pic，1896、*Zonabris bijuncta* Pic，1897、*Zonabris maroccana* Eseherieh，1899、*Zonabris transcaspica* Eseherieh，1899、*Zonabris baicalica* Pic，1919、*Zonabris bimaculaticeps* Pic，1920、*Zonabris maculata* Eichler，1923、*Zonabris interrupta* Eiehler，1924、*Zonabris tlemceni* Pic，1930。

形态特征：雄虫体长 12.0~18.5 mm，宽 4.2~5.5 mm。

头黑色，具黑色毛。额部中央一般具 2 红斑。触角 11 节。前 3 节棒状，第 1 节与第 3 节几乎等长，第 2 节约为第 3 节的一半；第

图 135　苹斑芫菁

4~10 节逐渐变粗，但程度不大，各节几乎等长，约为第 3 节的 2/3；末节卵圆形，顶端较圆，加长。触角黑色，具黑色毛。复眼暗红色，光裸。下颚须 4 节，第 1 节最短，次末节短于前后两节，末节加粗；黑色，具黑色毛。

前胸背板长约等于宽。黑色，具黑色毛。足的胫节具 2 暗红色距；跗节 5-5-4；跗爪背叶腹缘具 1 排齿。跗节第 1 节基部和跗爪暗红色，其余黑色。足具黑色毛。鞘翅底色橙红色至橙黄色，具黑色斑：靠近基部有 1 对斑；中斑为相连的横斑；靠近端部有 1 对斑，2 个斑有时相互连接形成条纹。鞘翅密布黑色短毛。

腹部黑色，具黑色毛。

雌虫与雄虫相似。

分布：黑龙江、吉林、辽宁、北京、河北、山西、内蒙古、宁夏、青海、陕西、甘肃、新疆、湖北、河南、山东、江苏、浙江；蒙古、朝鲜，中亚、中东、东非、北非、欧洲也有分布。

寄主：成虫为害锦鸡儿、益母草、黄芪、芍药、蚕豆、大豆、马铃薯、风轮菜、瓜类、苹果、沙果等，幼虫取食蝗虫卵。

52. 大头豆芫菁 *Epicauta (Epicauta) megalocephala* (Gebler), 1817

异名：*Epicauta albinae* Reitter，1905、*Epicauta maura* Faldennann，1833。

形态特征：雄虫体长 8.2~10.4 mm，宽 2.1~2.7 mm。

头黑色，具白色毛。额部中央具 1 红斑。触角 11 节，丝状。第 1 节略短于第 3 节；第 2 节略短于第 1 节的一半；第 4~6 节几乎等长，略短于第一节；第 6 节后逐节变长，末节顶端尖。第 1~2 节一侧暗红色，其余黑色。触角具白色毛。复眼黑色，光裸。下颚须 4 节，第 1 节最短，次末节短于前后两节，末节端部膨大，端弧形，近长三角形。

前胸背板长约等于宽，中央具明显纵沟。黑色，两侧及纵沟处具白色毛，其余具黑色毛。前足腿节腹面近端部表面凹陷，此处密生白色软毛；胫节具 2 暗红色距；跗节 5-5-4，前足第 1 跗节左右侧扁，基部细，端部膨胀，刀状；跗爪背叶腹缘光滑无齿。跗节第 1 节基部和跗爪暗红色，其余黑色。足跗节具棕黑色毛，其余具白色毛。鞘翅黑色，侧缘、端缘、中缝和中央纵纹具白色毛，其中中央纵纹平直，长达末端 1/6 处，有时消失或完全黑色，

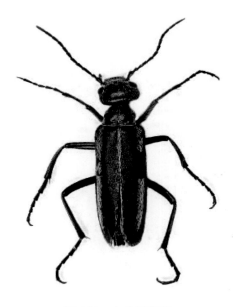

图 136　大头豆芫菁

其余具黑色毛。

腹部黑色，具白色毛。

雌虫与雄虫相似，但前足第 1 跗节正常柱状。

分布：黑龙江、吉林、辽宁、北京、河北、山西、内蒙古、宁夏、青海、陕西、甘肃、新疆、四川、河南、安徽；蒙古、韩国、俄罗斯、哈萨克斯坦。

寄主：成虫为害苜蓿、沙蓬、黄芪、大豆、马铃薯、甜菜、花生、菠菜、灰菜、锦鸡儿等，幼虫取食蝗虫卵。

53. 丽斑芫菁（红斑芫菁）*Mylabris* (*Chalcabris*) *speciosa* (Pallas), 1781

形态特征：雄虫体长 14.8~18.5 mm，宽 5.1~6.3 mm。

头金属绿色，具黑色毛。额部中央具 1 红斑。触角 11 节。前 3 节棒状，第 1 节长约为第 3 节的一半，第 2 节约第 1 节的一半；第 4~10 节逐渐变粗，但程度不大，各节几乎等长，约为第 3 节的一半；末节梭形，顶端尖，加长。触角黑色，具黑色毛。复眼暗红色，光裸。下颚须 4 节，第 1 节最短，次末节短于前后两节，末节加粗；黑色，具黑色毛。

前胸背板长略大于宽。金属绿色，具黑色毛。足的胫节具 2 暗红色距；跗节 5-5-4；跗爪背叶腹缘光滑无齿。跗节第一节基部和跗爪暗红色，其余黑绿色。足具黑色毛。鞘翅底色橙红色，具黑色斑：靠近基部有 1 对斑，内侧斑沿中缝与小盾片相连；中斑为相连的横斑；靠近端部有 1 对斑；端部边缘有 1 弧形斑，沿中缝向上。鞘翅密布黑色短毛。

图 137　丽斑芫菁

腹部金属绿色，具黑色毛。

雌虫与雄虫相似。

分布：黑龙江、吉林、辽宁、河北、天津、内蒙古、宁夏、青海、陕西、甘肃、新疆、江西；朝鲜、蒙古、阿富汗、俄罗斯、乌兹别克斯坦、哈萨克斯坦。

寄主：成虫为害豆科、禾本科牧草，幼虫取食蝗虫卵。

第八章

其他牧草主要害虫形态特征

12 前胸背板后横沟位于中部之后 ·· 狭翅雏蝗 *Chorthippus dubius*

　　 前胸背板后横沟位于中部之前 ················· 北方雏蝗 *Chorthippus hammarstroemi* (Miram), 1906

13 前翅中润脉缺如，或弱而无细齿；后足胫节有外端齿 ·· 14

　　 前翅中润脉明显且有细齿；后足胫节无外端齿 ·· 15

14 头侧窝三角形；前胸背板中隆线被两条横沟切断；后翅基部明显红色

　　 ·· 黄胫异痂蝗 *Bryodemella holdereri holdereri*

　　 头侧窝近圆形；前胸背板中隆线被后横沟切断；后翅基部淡粉色，范围小

　　 ·· 轮纹异痂蝗 *Bryodemella tuberculatum dilutum*

15 后翅主要纵脉明显增粗，纵脉的腹面常具有细齿 ·· 16

　　 后翅主要纵脉正常，无明显增粗，若增粗，其增粗纵脉腹面无细齿 ······················· 17

16 后翅透明，无深色轮纹；后足胫节基部上侧膨大处具有明显的平行皱纹

　　 ·· 红翅皱膝蝗 *Angaracris rhodopa*

　　 后翅不透明，具有深色轮纹；后足胫节基部上侧膨大处平滑或具稀少刻点

　　 ·· 白边痂蝗 *Bryodema luctuosum luctuosum* (Stoll), 1813

17 头顶较平，不向前倾斜；后足股节内侧淡红色 ············· 大垫尖翅蝗 *Epacromius coerulipes*

　　 头顶明显向前倾斜 ··· 18

18 前胸背板被 2~3 个横沟切割，2~3 个切口 ·············· 大胫刺蝗 *Compsorhipis davidiana*

　　 前胸背板全长完整或仅被后横沟切割 ··· 19

19 后翅中部暗褐色轮纹全长完整 ····················· 黑条小车蝗 *Oedaleus decorus*

　　 后翅中部暗褐色轮纹在翅上部有断裂 ··· 20

20 前胸背板 "X" 形条纹在沟后区较宽，明显宽于沟前区部分 ········· 黄胫小车蝗 *Oedaleus infernalis*

　　 前胸背板 "X" 形条纹在沟后区和沟前区近等宽 ········· 亚洲小车蝗 *Oedaleus decorus asiaticus*

21 触角棒槌状 ··· 22

　　 触角剑状 ··· 23

22 头部三角形 ··················· 毛足棒角蝗 *Dasyhippus barbipes* (Fischer-Waldheim), 1846

　　 头部狭长四角形 ················· 宽须蚁蝗 *Myrmeleotettix palalis* (Zubovsky), 1900

23 前胸背板侧隆线在沟后区较分开，后横沟在侧隆线之间平直，不向前弧形突出，侧片后缘较凹入，
　　 下部有几个尖锐的节，侧面的后下角锐角形，向后突出

　　 ·· 中华剑角蝗 *Acrida cinerea* (Thunberg), 1815

　　 前胸背板 3 条横沟均明显，都割断侧隆线，但仅后横沟割断中隆线，侧隆线在沟前区消失。前胸
　　 背板有较宽的 "X" 形淡色条纹 ················· 红胫戟纹蝗 *Dociostaurus kraussi* (Ingeniky), 1897

24 前翅角质，和身体一样坚硬如铁 ··· 25

　　 前后翅均为膜质，或无翅 ··· 38

25 触角超过体长 2/3 ··· 26

　　 触角未超过体长 2/3 ··· 28

26 体大型，长 300~400mm ··· 大牙锯天牛 *Dorysthenes (Cyrtognathus) paradoxus* Faldermann, 1833

　　 体中小型，长 100~200mm ··· 27

27 头、额红褐色，刻点密，覆白短毛，中纵沟明显，沟两侧凸起

　　 ·· 红缝草天牛 *Eodorcadion chinganicum* Suvorov, 1909

　　 头黑至黑褐色，有 2 条大致平行的淡灰或灰黄绒毛纵纹

　　 ·· 密条草天牛 *Eodorcadion virgatum* (Motschulsky), 1854

28 触角呈鳃叶状 ··· 29

　　 触角不呈鳃叶状 ··· 30

29　后翅较长，前后缘近平行，翅端伸达腹部第 4 背板；雄性外生殖器的阳茎中突细长

　　·· 大皱鳃金龟 *Trematodes grandis* Semenov, 1902

　　后翅短，后缘钝角形或弧形扩出，翅端伸达或略超过腹部第 2 背板；雄性外生殖器的阳茎中突粗

　　壮 ····························· 黑皱鳃金龟 *Trematodes tenebrioides* (Pallas), 1871

30　体扁平，背面平板状，两侧平行，或跗节 5-5-4 ································· 31

　　体非上所述，3 对跗节数相同，均为 5 节，第 4 节极小，呈拟 4 节 ················· 32

31　前足腿节下侧外端有明显的弯钩状齿

　　······················ 弯齿琵甲 *Blaps (Blaps) femoralis femoralis* Fischer-Waldheim, 1844

　　前足腿节下侧无上述特征，顶多端部略收缩 ····· 钝齿琵甲 *Blaps femoralis medusula* Skopin, 1964

32　头部下口式；前唇基不明显，额唇基前缘凹，两侧角凸出；若弧凹不明显，前角侧不凸出，则腹

　　部中间数节中部收狭；前足基节窝闭式 ··········· 中华萝藦肖叶甲 *Chrysochus chinensis* Baly, 1859

　　头部亚前口式；唇基前部明显地分出前唇基，其前缘平直，两前侧角不突出；腹部数节中部不收

　　狭；前足基节窝闭式或开式 ····························· 33

33　后足正常 ·· 34

　　后足膨大，适于跳跃 ··· 35

34　两触角着生处相隔较宽 ············· 漠金叶甲 *Chrysolina aeruginosa* (Faldermann), 1835

　　两触角着生处接近 ············· 白茨粗角萤叶甲 *Diorhabda rybakowi* Weise, 1890

35　鞘翅中央纵条外侧中部凹曲颇深，内侧中部直形，仅前后两端向内弯曲

　　······································· 黄曲条跳甲 *Phyllotreta striolata* (Fabricius), 1803

　　鞘翅中央纵条非上所述 ···································· 36

36　鞘翅中央纵条斑极宽大，其最狭处亦占鞘翅宽度的一半有余

　　······································· 黄宽条跳甲 *Phyllotreta humilis* Weise, 1887

　　鞘翅中央纵条非上所述 ···································· 37

37　鞘翅中央纵条前端近鞘翅基部之外侧端部略呈直角凹曲，以致黄条不蔽及鞘翅肩

　　······································ 黄狭条跳甲 *Phyllotreta vittula* (Redtenbacher), 1849

　　鞘翅中央纵条仅在外侧呈现极微浅的弯曲，其前端伸展至翅基

　　······································· 黄直条跳甲 *Phyllotreta rectilineata* Chen, 1939

38　口器为虹吸式，翅膜质，覆有鳞片 ······························· 39

　　口器非虹吸式；翅上无鳞片 ··································· 46

39　后翅 Sc+R₁ 与 Rs 在中室外靠近或部分愈合 ·························· 40

　　后翅 Sc+R₁ 与 Rs 在中室外分歧 ································· 41

40　前翅暗褐色，中央有两个白色透明斑，后翅白色透明，近外缘处暗褐色

　　······································· 豆野螟 *Maruea testulalis* (Geyer), 1832

　　前翅有数条波状和锯齿状暗褐色的斑纹，后翅灰黄色，中央有波状横纹

　　······································· 玉米螟 *Ostrinia nubilalis* (Hübner), 1796

41　复眼表面具毛 ··· 42

　　复眼表面无毛 ··· 44

42　前翅灰黄褐色、黄色或橙色 ············· 黏虫 *Pseudaletia separata* (Walker), 1865

　　前翅褐赭色 ··· 43

43　翅脉微白，两侧衬褐色，各翅脉间均褐色，亚中褶基部有 1 条黑纵纹，中室下角有 1 个白点，顶

　　角有 1 条隐约的内斜纹，外横线为一列黑点；后翅白色，翅脉及外缘区带有褐色

　　······································· 劳氏黏虫 *Leucania loreyi* Duponchel

翅脉、前缘、后缘及亚中褶基部布有黑色细点，内横线为几个黑点，中室下角有 1 个白点，其两侧色较暗，外横线黑色，锯齿形，顶角至 M2 有 1 条暗灰色斜影，缘线为一列黑点；后翅白色，外缘有一列黑点 ··· 谷黏虫 *Leucania zeae* Duponchel

前翅非上所述；头冠前半左右各具 1 组淡褐色弯曲横纹，后部接近后缘处有 1 对不规则的多边形黑斑 ………………………………………………**大青叶蝉** *Cicadella viridis* (Linnaeus), 1758

1. 宽翅曲背蝗 *Pararcyptera microptera meridionalis* (Ikonnikov), 1911

异名： *Arcyptera flavicostasibirica* Uvarov。

形态特征： 雄虫体长：23~28 mm，雌虫体长：35~39 mm。

体黄褐色、褐色或黑褐色。体中型。

头部较大，几乎与前胸背板等长。头顶有灰黑色"八"形纹，中央略凹。颜面隆起宽平，无纵沟，略低凹，侧缘较钝。复眼大，近圆形。触角丝状，超过前胸背板后缘。

前胸背板侧隆线呈黄白色"><"形纹，侧片中部有斑纹。前胸背板宽平，前缘较平直，后缘圆弧形。翅发达，前翅具有细碎的黑色斑点，后翅透明。后足股节黄褐

图 138　宽翅曲背蝗

色，上侧具 3 个大黑斑，下侧红色；后足胫节红色，基部黄白色，缺外端刺。

雄性下生殖板短锥形，顶端圆润。雌性产卵瓣粗短，上产卵瓣外缘无细齿。

分布： 黑龙江、吉林、辽宁、河北、山西、山东、内蒙古、甘肃、陕西、青海；苏联、蒙古。

寄主： 禾本科牧草，有时也侵入农田为害农作物。

2. 亚洲小车蝗 *Oedaleus decorus asiaticus* Bei-Bienko, 1941

异名： *Oedaleus asiaticus* Bei-Bienko。

形态特征： 雄虫体长：18~22 mm，雌虫体长：28~37 mm。

体一般黄绿色，偶尔暗褐色，或在颜面、颊、前胸背板、前翅基部及后足股节处有绿色斑纹。体小型至中型，体表具皱纹和刻点。

头部大而短，顶端较低凹，略向前倾

图 139　亚洲小车蝗背视

图 140　亚洲小车蝗侧视

斜，有明显侧隆线。颜面侧面观近垂直，颜面隆起宽平。复眼卵形，较小，凸出。触角丝状，超过前胸背板后缘。

前胸背板中部明显收缩，背板背面有不完整的"X"形黄色斑纹；前胸背板前缘较直，后缘圆弧形凸出。中隆线较高，侧面观平直或略呈弧形隆起；缺侧隆线。前后翅发达，前翅基半具 3 个大块黑斑，基部一个较小，端半具不规则暗斑。后翅基部黄绿色，色极淡，中部具暗褐色横纹带，在第一臀脉处明显断裂，端部具有少量不明显的淡褐色小圆斑。后足股节黄绿色，顶端黑色，上侧和内侧具 3 个黑斑。后足胫节红色，基部黑色，近基部淡黄褐色。

雄性腹部尾须长圆锥状，顶端钝圆，下生殖板短锥形。雌虫下产卵瓣腹面观外侧明显呈圆弧状凹陷，较粗短。

分布：河北、山东、陕西、内蒙古、宁夏、甘肃、青海；苏联、蒙古。

寄主：主要为害谷子、黍、玉米、莜麦、高粱等禾本科作物，也为害大豆、小豆、马铃薯、亚麻等。

3. 黄胫小车蝗 *Oedaleus infernalis* Saussure, 1884

异　名：*Oedaleus infernalis* var. *amurensis* Ikonnikov、*Oedaleus infernalis montanus* Bei-Bienko。

形态特征：雄虫体长：20~25 mm，雌虫体长：29~35 mm。

体暗褐色，少数草绿色。体中型至大型，体表具皱纹和小刻点。

头部大而短，头顶较尖，短宽，略倾斜，侧隆线明显，无明显中隆线。颜面侧面观略倾斜，几近垂直。复眼卵形，大而凸出。触角丝状，超过前胸背板后缘。

图 141　黄胫小车蝗背视

图 142　黄胫小车蝗侧视

前胸背板略凸起，中部明显收缩，背面具有不完整的"X"形黄色斑纹；前缘较直，略呈圆弧形突出，后缘直角形凸出；中隆线较高，侧面观平直或略呈弧形隆起；缺侧隆线。前后翅发达。前翅端部透明，明显散布暗褐色斑纹，基部的斑纹较大而密，呈3块大斑。后翅基部淡黄色，中部具暗色横纹带。后足股节黄褐色，膝部黑色，从上侧到内侧具3个黑斑，下侧内缘雄性淡红色，雌性黄褐色；后足胫节雄性红色，基部黄色，雌性黄褐色或淡红色，基部黑色，近基部下侧具一较明显的黄色斑纹，在上侧常混杂红色。

腹部黄绿色，背部色暗。雄性腹部尾须圆锥状，下生殖板短锥形。雌性产卵瓣较粗，上外缘光滑，顶端呈小钩状，下产卵瓣腹面观外侧具明显钝角形凹陷。

分布：黑龙江、吉林、北京、河北、山西、山东、内蒙古、宁夏、甘肃、青海、陕西、江苏。

寄主：禾本科牧草。

4. 黑条小车蝗 *Oedaleus decorus decorus* (Germar), 1826

形态特征：雄虫体长 21~25 mm，雌虫体长 34~40 mm。

体绿色，有些种类黄褐色。体中型，体表具皱纹和细刻点。

头部圆，较大，头顶短宽，顶端明显向前倾斜，较低凹，侧隆线较明显。侧观颜面垂直，颜面隆起宽平。复眼卵形。触角丝状，刚达到前胸背板后缘。

前胸背板中部明显收缩，背面有不完整的黑色"X"形斑纹；前缘较平直，后缘钝角形凸出；中隆线隆起，较高，侧面观微弧形隆起；缺侧隆线。前后翅发达，前翅基半具3大块黑斑，基部一个较小，端部具不规则的褐色斑。后翅基部淡黄绿色，中部具暗色横纹带，较宽，完整不断裂，端部淡褐色。后足股节具3个倾斜的暗色横斑，膝部暗褐色或色较淡，下侧黄色；上侧片较长于

图 143 黑条小车蝗背视

下基片；上侧中隆线平滑。后足胫节基部淡褐色，近膝部具一较宽的淡黄色环，不混杂红色，其余淡红色；内缘具 9~11 个刺，外缘具 10~11 个刺，缺外端刺。

雌性下产卵瓣腹面观外缘呈三角形凹陷，较细长。

图 144 黑条小车蝗侧视

分布：甘肃、新疆；广布古北区。

寄主：牧草，有时侵入农田为害小麦等作物。

5. 白边痂蝗 *Bryodema luctuosum luctuosum* (Stoll), 1813

图 145　白边痂蝗（引自《昆虫世界》：
www.insecta.cn）

形态特征：雄虫体长 26~32mm，雌虫体长 25~28mm。雄虫前翅长 35~42mm，雌虫 15~20mm。暗灰体色，灰褐或黄褐色，具许多小的暗色斑点。雄虫体形匀称，狭长，雌虫粗短。头短、小。虫体颜面垂直；隆起较宽，两侧缘在中眼之下稍向内缩狭。头顶宽短，顶端宽圆，隆线明显。头侧窝呈不规则圆形。触角丝状，雄虫不达或达前胸背板的后缘，雌虫远不达前胸背板的后缘。复眼卵形。

前胸背板在沟前区较窄，沟后区较宽平，具明显的颗粒状隆起和短隆线；中隆线甚低，仅被后横沟割断；后横沟位于中部之前。前、后翅发达，雄性前翅常超过后足胫节的顶端，雌性不达后足股节的顶端；前翅具明显的暗色斑点，后翅基部暗色，沿外缘具较宽的淡色边缘。后足股节较粗短，内侧和底侧蓝黑色，顶端具明显的淡色环纹；胫节暗蓝或蓝紫色，长为其宽的 3.2~3.6 倍，上侧的上隆线无细齿，基部膨大部分无细隆线。雄性下生殖板短锥形。雌性产卵瓣粗短，顶端钩状，上产卵瓣的上外缘无细齿。

分布：内蒙古、山西、甘肃、青海、河北、陕西、黑龙江、吉林、辽宁、西藏等。

寄主：针矛、苜蓿、蒿类、碱草、赖草等。

6. 宽须蚁蝗 *Myrmeleotettix palalis* (Zubovsky), 1900

异名：*Myrmeleotettix kunlunensis* Huang。

形态特征：雄虫体长 9~12mm，雌虫体长 12~16mm。

体黄绿色、黄褐色或黑褐色。体小型。

头部大而短，短于前胸背板。头顶短。头侧窝明显，狭长四角形。颜面侧观向后倾斜，颜面隆起明显，全长具纵沟，侧缘近平行，下端略宽大。下颚须端节宽大，顶圆。复眼卵形，较大。触角细长，超过前胸背板后缘，末端膨大。

前胸背板沟前区侧隆线外侧、沟后区侧隆线内侧

图 146　宽须蚁蝗背视

具黑褐色纵纹；前缘略弧形，后缘角状凸出；中隆线明显，侧隆线角状内曲。前胸背板略呈圆形隆起。前翅暗褐色，具 4~5 个黑斑，较直；前缘脉域基部不膨大，呈狭条状，超过前翅的中部。后足股节黄褐色，内侧基部具黑色斜纹；膝部黑色。后足胫节黄褐色，基部黑色。

图 147　宽须蚁蝗侧视

雌虫下生殖板后缘中央三角形凸出。

分布：内蒙古、甘肃、青海、河北、西藏、山西、新疆等。

寄主：禾本科牧草。

7. 狭翅雏蝗 *Chorthippus dubius* (Zubovsky), 1898

异名：*Stenobothrus horvathi* Bolivar。

形态特征：雄虫体长 10~12 mm，雌虫体长 11~15 mm。

体黑褐色或黄褐色。体小型。

头部较短，短于前胸背板。头顶短宽，头侧窝狭长四角形。颜面向后倾斜。触角丝状，细长，到达或超过前胸背板后缘。复眼卵形，位于头的中部。

前胸背板侧隆线不具黄白色，前缘平直，后缘钝角形凸出；中隆线明显，侧隆线呈角形弯曲，在沟前区呈钝角形凹入，后横沟位于背板中部之后。前胸腹板在两前足之间平坦或前缘略隆起。前翅褐色，不具 1 列大黑斑，雌性前缘脉域亦不具白色纵纹。前翅较短，远不到达后足股节的顶端，中部较宽，近顶端较尖狭。后足股节内侧基部具黑色斜纹。后足胫节黄色或褐色。

图 148　狭翅雏蝗背视

雄虫腹部末节背板后缘及肛上板边缘不呈黑色，与腹部同色。下生殖板短锥形。雌性产卵瓣粗短，上产卵瓣之上外缘无细齿，端部略呈钩状。

分布：内蒙古、河北、山西、陕西、新疆、青海、甘肃、宁夏等。

寄主：禾本科牧草。

图 149　狭翅雏蝗侧视

8. 小翅雏蝗 *Chorthippus fallax* (Zubovsky), 1899

异　名：*Stenobothrus ehubergi* Miram、*Stauroderus cognatus* var. *amurensis* Ikonnikov。

形态特征：雄虫体长 9~15 mm。

体褐色，表面较光滑，体小型。

头部较大，稍短于前胸背板；头侧窝明显，长方形；复眼卵形；触角丝状，细长，远超出前胸背板后缘。

前胸背板较小；中隆线隆起，侧隆线在沟前区向内弯曲，在沟后区向外延伸扩大；后缘呈平缓的钝角形凸出。翅不发达。前翅褐色，稍透明；较短，宽圆，一般短于腹部末端；鳞片状纹理；前缘脉域较宽，中脉域明显加宽。后翅退化，不超过前翅一半；鳞片状，透明。后足股节黄褐色，上下隆线之间色深，一般为灰黑色；后足胫节黄色。

图 150　小翅雏蝗背视

腹部黄绿色。尾须圆柱形，下生殖板圆柱形，端部略尖。

分布：内蒙古、河北、山西、陕西、新疆、青海、甘肃、宁夏等。

寄主：禾本科牧草、麦类、谷子等，也为害莎草科、苜蓿等。

图 151　小翅雏蝗侧视

9. 大垫尖翅蝗 *Epacromius coerulipes* (Ivanov), 1887

异　名：*Aiolopus tergestinus* var. *chinensis* Karny、*Aiolopus coerulipes* Tarbinsky。

形态特征：雄虫体长 13~16 mm，雌虫体长 20~25 mm。

体褐色。雄性虫体中小型，雌性中型至大型。

头部较大，稍高于前胸背板，短于前胸背板。头顶较宽，略向前倾斜，中央低凹，侧缘隆线较明显。颜面侧观向后倾斜，颜面隆起较宽。复眼较大，卵圆形，凸出。触角丝状，稍超过前胸背板。

前胸背板背面中央常具暗褐色纵条纹，有的个体背面具有不明显的">＜"形纹。前胸背板前缘较直，后缘钝角形凸出；缺侧隆线。前胸腹板略突出。前翅

图 152　大垫尖翅蝗背视

具有大小不等的褐色、白色斑点；较长，
伸达后足胫节中部。后翅透明，略短于前
翅。后足股节顶端黑褐色，上侧中隆线和
内侧下隆线间具 3 个黑色大圆斑，中间的
最大。外侧下隆线具 4~5 个小黑斑，底侧
玫红色，匀称修长，上侧中隆线光滑无齿，
下膝侧片下缘平直，顶端椭圆形。后足胫

图 153　大垫尖翅蝗侧视

节淡黄色，具 3 个黑褐色环纹。内缘具 10~11 个刺，外缘具 9~10 个刺，缺外端刺。

腹部黄褐色。雄性腹部尾须圆筒形，较长，下生殖板短舌状。雌性产卵瓣粗短，上
产卵瓣外缘光滑，端部呈钩状。

分布：黑龙江、吉林、辽宁、河北、河南、内蒙古、新疆、宁夏、甘肃、青海、陕
西、山东、山西、江苏、安徽等；苏联、日本等也有分布。

寄主：禾本科牧草、豆类。

10. 毛足棒角蝗 *Dasyhippus barbipes* (Fischer-Waldheim), 1846

　　形态特征：雄虫体长 10.8~19.3mm，雌虫体长 18.2~21.4mm；雄虫前翅长
11.2~12.7mm，雌虫前翅长 11.8~14.8mm。体通常黄褐色。触角顶端暗色。雄性腹部
末节背板后缘和肛上板边缘黑色。头大而
短。颜面倾斜；颜面隆起上端较窄，下端
较宽，纵沟较低凹。头顶短，三角形，顶
端较尖。头侧窝明显，呈狭长四角形。触
角细长，顶端明显膨大呈锤形。

　　前胸背板前缘平直，后缘弧形；中隆
线和侧隆线明显，侧隆线在沟前区明显弯
曲，沟前区明显地较长于沟后区。前胸背
板前缘略隆起。前翅发达，顶端达后足股
节的顶端。

图 154　毛足棒角蝗

　　分布：黑龙江、吉林、内蒙古、甘肃、青海等；苏联、蒙古等也有分布。

　　寄主：禾本科、藜科等，喜食羊草、冰草、冷蒿、早熟禾、苔草、星毛委陵菜等。

11. 红胫戟纹蝗 *Dociostaurus kraussi* (Ingeniky), 1897

　　形态特征：雄虫体长 17.0~20.0mm，雌虫体长 23.0~26.0mm；雄性前翅长
11.0~15.0mm，雌性前翅长 13.0~16.0mm。体较粗短。颜顶角宽短，头的背面光滑，
无侧隆线，颜顶角在复眼之间的宽度约等于颜面隆起在触角之间宽度的 2~3 倍。颜面

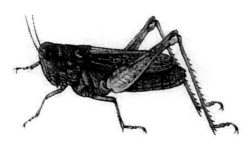

图 155　红胫戟纹蝗（引自
《昆虫世界》：www.insecta.cn）

分布：新疆；苏联等。

寄主：禾本科。

倾斜。触角丝状，细长。

前胸背板 3 条横沟均明显，都割断侧隆线，但仅后横沟割断中隆线，侧隆线在沟前区消失。前胸背板有较宽的"X"形淡色条纹。后足股节粗短；沿外侧下隆线处长有 5~7 个黑色小斑点；后足股节外侧的下膝片淡色，有时基部略暗。后足胫节红色。雄性腹部末节背板后缘的尾片较宽。

12. 红腹牧草蝗 *Omocestus haemorrhoidalis* (Charpentie), 1825

形态特征：雄虫体长 11~14 mm，雌虫体长 18~20mm。

体绿色或黑褐色。体中小型，匀称。

头部短小，短于前胸背板。颜面隆起全长略凹陷。复眼近圆形。触角丝状，不超过前胸背板后缘。

前胸背板中隆线明显；侧隆线周围黑色，在沟前区以"><"状向内凹。前胸腹板在前足之间平坦无凸起。前后翅均较发达。前翅到达腹部末端，前缘较直。后足股节底侧黄褐色；后足胫节黑褐色，密布灰黑色小斑。

腹部背面和底面明显橘红色。雄性下生殖板锥形；雌性产卵瓣钩状，上产卵瓣的上外缘圆钝。

图 156　红腹牧草蝗背视

分布：宁夏、甘肃、内蒙古、青海、河北、山西、陕西等。

寄主：禾本科、藜科等，喜食羊草、冰草、冷蒿、早熟禾、苔草、星毛委陵菜等。

图 157　红腹牧草蝗侧视

13. 白纹雏蝗 *Chorthippus albonemus* Cheng *et* Tu, 1964

形态特征：雄虫体长 11~14mm，雌虫体长 17~24mm。体灰黑色。体中小型。

头部较短，侧观与前胸背板交界不明显。复眼卵形，后部有黑斑。侧隆线明显，黑色。触角丝状，较短，刚到达前胸背板后缘。

前胸背板中隆线明显；侧隆线黄色，在横沟处向内呈"><"状弯曲，侧隆线外侧有黑色纵纹。前胸背板前缘平直，后缘尖锐，向外凸出。翅透明，较发达。前翅中脉域具一列大黑斑。后翅透明，无明显斑纹，前缘脉不明显加粗。后足股节外侧黑色，下侧黄色，内侧基部具两条明显粗斜纹。后足胫节黄褐色，有黑斑。

腹部黄褐色，背板密布黑点。雄性下生殖板圆；雌性产卵瓣钩状，上产卵瓣外缘无细齿。

图 158　白边雏蝗背视

图 159　白边雏蝗侧视

分布：内蒙古、甘肃、青海、河北、西藏、山西、新疆等。

寄主：禾本科、藜科等，喜食羊草、冰草、冷蒿、早熟禾、苔草、星毛委陵菜等。

14. 北方雏蝗 *Chorthippus hammarstroemi* (Miram), 1906

形态特征：雄虫体长 15~18mm，雌虫体长 17~21mm，雄虫前翅长 9~12mm，雌虫前翅长 9~11mm，雄虫后足股节长 10~11mm，雌虫后足股节长 13~14.5mm。体小型。体黄褐色、褐色、黄绿色，有的个体背部绿色。颜面倾斜。头侧窝四角形。触角丝状，细长，超过前胸背板后缘。

前胸背板侧隆线处具不明显的暗色纵纹，侧隆线在沟前区略呈弧形弯曲。前翅发达，雄性到达后足股节膝部，雌性到达后足股节中部；雌性径脉域的最宽处大于亚前缘脉域宽度的 1.5~2 倍；雄性前翅明显向顶端变狭；雌性前翅在背部相毗连。后足股节匀称，膝侧片顶端圆形；内侧下隆线上具音齿 173（±12）个。后足股节橙黄色或黄褐色，内侧基部无黑色斜纹，膝部黑色。后足胫节橙黄色或橙红色，基部

图 160　北方雏蝗

黑色。

分布：新疆、内蒙古、黑龙江、吉林；西伯利亚、蒙古。

寄主：禾本科、藜科等，喜食羊草、冰草、冷蒿、早熟禾、苔草、星毛委陵菜等。

15. 大胫刺蝗 *Compsorhipis davidiana* (Saussure), 1888

图 161　大胫刺蝗背视

形态特征：雌虫体长 35~43 mm。体型较大，灰褐色或暗褐色。

头部头顶宽短，明显短于前胸背板。颜面垂直或微倾斜，颜面隆起宽平，侧缘几乎平行。缺头侧窝。复眼卵圆形，凸出。触角丝状，其长超过前胸背板后缘。

前胸背板较光滑，无明显的颗粒和细隆线；背板前端呈圆柱形，后端宽平，两侧稍突起，中隆线较细，中部略凹，缺侧隆线；前缘略向前突出，后缘呈直角形突出，较尖锐。翅发达。前翅浅褐色，基部有大的暗色斑，横跨整个翅基部，后缘有两个较小横斑；后翅基部玫红色，较小；后翅端部浅褐色，透明；中间较大区域为黑褐色轮纹，与两侧区域没有明显的界限；横脉黑色，近翅端色减淡。后翅宽大，宽度大约是前翅的 2 倍。足有黑斑，有绒毛。后足股节外侧有 2 个不明显的黑色大圆斑，内侧黑色，端部黄褐色；中部有羽状纹，上下侧中隆线平滑；后足胫节暗黄色或橘黄色。

腹部黄褐色，中部发黑，有光泽。

分布：新疆、内蒙古、黑龙江、吉林；西伯利亚、蒙古。

寄主：禾本科、藜科等，喜食羊草、冰草、冷蒿、早熟禾、苔草、星毛委陵菜等。

图 162　大胫刺蝗侧视

16. 红翅皱膝蝗 *Angaracris rhodopa* (Fischer - Walheim),1846

异名：*Bryodema barabense* var. *reseipennis* Krauss。

形态特征：雄虫体长 23~29mm，雌虫体长 28~32mm。

体浅绿色或黄褐色，具细小的褐色斑点。绿色个体的头、胸及前翅均为浅绿色，腹部褐色。体中型，较匀称，具粗大刻点和短隆线。

头部短，头顶宽短，颜面垂直，颜面隆起较宽，侧隆线明显，隆起呈弧形。头顶宽平，倾斜，与颜面隆起形成圆形。复眼卵圆形。触角丝状，细长。

前胸背板前缘较窄，后端较宽，呈直角三角形突出，有明显的颗粒状突起和短隆线；侧片的高大于长，下缘前、后角均圆形。前翅具密而细碎的褐色斑点，较长，常伸达后足胫节顶端。后翅基部为玫瑰红色，透明。基部有褐色方斑。后足股节近膝部处的内侧及上侧橙红，具较大的黑色斑纹；外侧黄绿色，具不太明显的3个圆斑；末端膨大处内侧通常全部黑色，近端部具一暗黄色的膝前环；后足股节较粗短，上侧中隆线比较完整、无细齿，膝侧片顶端圆形。后足胫节橙红色或橙黄色，基部膨大部分的背侧具有平行的细短隆线，顶端无外端刺。

图163　红翅雏膝蝗背视

腹部褐色。雄性腹部尾须长柱状，下生殖板后缘中央呈三角形凸出。雌性腹部产卵瓣外缘具少量不规则的钝齿。

图164　红翅雏膝蝗侧视

分布：宁夏、甘肃、内蒙古、青海、河北、山西、陕西等。

寄主：禾本科、藜科等，喜食羊草、冰草、冷蒿、早熟禾、苔草、星毛委陵菜等。

17. 裴氏短鼻蝗 *Filchnerella beicki* Ramme, 1931

形态特征：雄虫体长11.0~12.5mm。

体黄褐色，遍布细绒毛，粗糙。体中型，一般较粗壮。

头部背面低凹、粗糙，短于前胸背板；头顶具明显的侧隆线、端部近直角，顶端中央具细纵沟；颜面隆起明显。复眼圆形，大而凸出。触角丝状，较长，明显超过前胸背板后缘。

前胸背板粗糙，侧观明显呈圆形隆起，中隆线呈片状隆起，被3条横沟均割断；沟后区与沟前区近乎等长；沟后区中隆线呈弧形隆起；前胸腹板前缘呈片状隆起，顶端中央呈近弧形凹口，前后缘均呈角形凸出。雄性前、后翅均发达，其前端不超过腹部末端；雌性翅不发达，前翅呈鳞片状，侧置于前胸背板两侧偏下，在背面分开较宽。后

图165　裴氏短鼻蝗背视

图 166 裴氏短鼻蝗侧视

足股节灰褐色，上侧有 2 个黑斑；宽扁，其长度约为最宽处的 3 倍以上，上侧中隆线具细齿，在膝部近顶端处具小凹口。后足胫节颜色较艳丽，端部和基部呈红色，中间部分呈蓝色；具内、外端刺，上侧中隆线具细齿。

腹部裸露，背视黑色。雄性下生殖板顶端较圆，雌性尾须和上、下生殖板钩状。

分布：宁夏、甘肃、内蒙古、青海、河北、山西、陕西等。

寄主：禾本科、藜科等，喜食羊草、冰草、冷蒿、早熟禾、苔草、星毛委陵菜等。

18. 黄胫异痂蝗 *Bryodemella holdereri holdereri* (Krauss), 1901

形态特征：雌虫体长 36~38mm。

体暗褐色，散布黑色斑点。体大型，较粗壮。

头部短，明显短于前胸背板；头侧窝三角形，较明显。触角丝状，较长，超过前胸背板后缘；复眼长椭圆形。

前胸背板前端较为狭窄，中隆线明显，不隆起；中央横沟明显，横沟后端比前端略长，后缘稍隆起，并呈钝角 3 角形凸出。胸部侧面观稍隆起。前后翅发达，超出腹部末端；前翅密布深褐色斑点，后翅基部红色，端部透明，翅脉深刻明显，略短于前翅。后足股节上侧具三个黑色圆斑，且有零散黑斑分布其上；粗壮，羽状纹明显，上

图 167 黄胫异痂蝗背视

下侧隆线明显，稍凸出；后足胫节暗黄色，中部及端部呈灰黑色；外侧具刺 10 个，内侧具刺 11 个。

产卵瓣较光滑，端部呈钩状。

分布：黑龙江、吉林、辽宁、山东、甘肃、内蒙古、青海、河北、山西、陕西、新疆等；苏联、蒙古。

图 168 黄胫异痂蝗侧视

寄主：荒漠草原禾本科植物。

19. 轮纹异痂蝗 *Bryodemella tuberculatum dilutum* (Stoll), 1813

异名: *Bryodema tuberculatum sibirica* Ikonnikov。

形态特征: 雄虫体长24~30mm,雌虫体长36~38mm。

体大部黄褐色。体大型,匀称。

头部颜面侧观较直,颜面隆起略凹;头顶宽圆,侧缘隆线明显。复眼圆形,较突出。触角丝状,略长,超过前胸背板后缘。

前胸背板粗糙,中隆线较细;后缘钝三角形。前胸腹板略向前隆起。前、后翅发达,明显超过后足股节的顶端。前翅散布黑色斑点;后翅透明,基部红色,主要纵脉明显增粗,粗大纵脉的腹面具有细齿。后足股节上侧具3个黑斑,下侧沿羽状纹具一列黑斑,内侧黑色,粗壮,上侧中隆线

图169　轮纹异痂蝗背视

平滑,基部外侧上基片长于下基片,下膝侧片下缘几乎直线状;后足胫节黄褐色,顶端暗褐色,内侧具刺11个,外侧具刺9个,缺外端刺。

图170　轮纹异痂蝗侧视

腹部灰黄褐色。雄性下生殖板圆锥形,雌性产卵瓣较粗,顶端宽平,端部呈钩状,上产卵瓣边缘光滑无齿。

分布: 黑龙江、吉林、辽宁、山东、内蒙古、青海、河北、山西、陕西、新疆等;苏联、蒙古。

寄主: 蒿子牧草、小麦、玉米、粟、莜麦、马铃薯、豆类、大麻。

20. 中华剑角蝗 *Acrida cinerea* (Thunberg), 1815

形态特征: 成虫体大型,绿色或褐色。雄虫体长30~47mm,雌虫58~81mm;雄虫前翅长25~36mm,雌虫47~65mm;雄虫后足股节长20~22mm,雌虫40~43mm。前胸背板侧隆线在沟后区较分开,后横沟在侧隆线之间平直,不向前弧形凸出,侧片后缘较凹入,下部有几个尖锐的节,侧面的后下角锐角形,向后凸出。鼓膜板内缘直,角圆形。雄性下生殖板上缘直;雌性下生殖板后缘中突与侧突等长。

分布: 河北、北京、山西、山东、宁夏、甘肃、陕西、四川、云南、贵州、江西、湖南、湖北、江苏、安徽、浙江、福建、广西、广东。

寄主: 禾本科牧草。

图 171　中华剑角蝗（引自《中国昆虫生态大图鉴》）

21. 日本菱蝗 *Tetrix japonicus* (Bolivar)

图 172　日本菱蝗（引自《昆虫世界》：
www.insecta.cn）

形态特征：雄虫体长约 7mm，雌虫体长约 9mm；小型，略粗短，黄褐色或暗褐色。复眼凸出，但不凸出于前胸背板水平以上。

头顶宽，背面观宽于复眼，约为复眼宽的 2 倍；侧面观在复眼之间向前突出。前胸背板背面平坦，侧观前胸背板上缘近直，前缘平直；侧板后缘具 2 个明显凹陷，上面 1 个凹陷容纳前翅基部。中隆线清晰可见。前胸背板向后延伸达腹部末端，但不超过后足腿节顶端。典型个体在前胸背板中部近前方处，有 2 个明显黑色斑，斑的形状有所不同；有的个体黑斑模糊，或无黑斑而具一些深色小斑点；也有的虫体体背从头顶直至前胸背板末端呈淡黄褐色，仅前胸背板中部以前两侧呈暗色。

雌虫产卵瓣粗短，上产卵瓣之长度为宽度的 3 倍，上、下产卵瓣之外缘具细齿。下生殖板后缘中央具三角形凸出。

分布：内蒙古、河北、北京、山西、陕西、宁夏、青海、江苏、浙江、湖北、福建、广东、广西、西藏、甘肃。

寄主：禾本科牧草。

22. 单刺蝼蛄 *Gryllotalpa unispina* Saussure

形态特征: 成虫体长 36~55mm, 前胸宽 7~11mm, 黄褐色或灰色, 密被细毛。

头小, 狭长, 复眼椭圆形, 触角丝状。

前胸背板盾形, 中央具 1 个凹陷不明显的暗红色心脏形坑斑。前翅鳞片状, 只盖住腹部 1/3; 后翅折叠如尾状。前足为开掘足, 腿节内侧外缘缺刻明显; 后足胫节背侧内缘有 1 根棘或完全消失。

腹部末端近圆筒形, 尾须细长。

分布: 长江以北各地。

寄主: 禾本科牧草。

23. 东方蝼蛄 *Gryllotalpa orientalis* Burmesiter, 1839

形态特征: 成虫体长 30~35mm, 灰褐色, 腹部色较浅, 全身密布细毛。头圆锥形, 触角丝状。前胸背板卵圆形, 中间具 1 个明显的暗红色长心脏形凹陷斑。前翅灰褐色, 较短, 仅达腹部中部。后翅扇形, 较长, 超过腹部末端。腹末具一对尾须。前足为开掘足, 后足胫节背面内侧有 4 个距, 区别于华北蝼蛄。

分布: 全国各地。

寄主: 豆科、禾本科牧草及林木幼苗。

24. 劳氏黏虫 *Leucania loreyi* Duponchel

形态特征: 成虫体长 12~14mm, 翅展 31~33mm。头部与胸部褐赭色, 颈板有 2 条黑线。腹部白色, 委贷褐色。前翅褐赭色, 翅脉微白, 两侧衬褐色, 各翅脉间均褐色, 亚中褶基部有 1 条黑纵纹, 中室下角有 1 个白点, 顶角有 1 条隐约的内斜纹, 外横线为 1 列黑点; 后翅白色, 翅脉及外缘区带

图 173　单刺蝼蛄 (引自
《烟草病虫害防治彩色图志》)

图 174　东方蝼蛄 (引自
《烟草病虫害防治彩色图志》)

图 175　劳氏黏虫（引自《昆虫世界》：
www.insecta.cn ）

有褐色。

　　分布：除西藏外各省区都有分布。

　　寄主：苏丹草、羊草、披碱草、黑麦草、冰草、狗尾草，麦类、水稻等。

25. 谷黏虫 *Leucania zeae* Duponchel

图 176　谷黏虫（引自《中国园林网》：
http://www.yuanlin.com ）

　　寄主：苏丹草、羊草、披碱草、黑麦草、冰草、狗尾草、麦类、水稻等。

26. 秀夜蛾（麦穗夜蛾）*Apamea sordens* (Hufnagel), 1766

　　异名：*Phalaena sordens* Hufnagel，1766、
Trachea basilinea Denis *et* Schiffermüller，
1775、*Noctua basilinea*、*Hadena basistriga*。

　　形态特征：雄虫体长约 15.0 mm，翅

　　形态特征：成虫体长 11~12 mm，翅展 26~ 28 mm。头部与胸部淡灰赭色；下唇须外侧及足有黑灰色。腹部灰白色微带赭黄色，翅脉、前缘、后缘及亚中褶基部布有黑色细点，内横线为几个黑点，中室下角有 1 个白点，其两侧色较暗，外横线黑色，锯齿形，顶角至 M_2 有 1 条暗灰色斜影，缘线为 1 列黑点；后翅白色，外缘有 1 列黑点。

　　分布：除西藏外，各省区都有分布。

图 177　秀夜蛾

展约 41.5mm。

头部浅褐色。额两侧具黑纹。下唇须外侧微黑。

胸部浅褐色。前翅浅褐色，中区较暗，亚中褶基部一黑纹，基线、外线均双线黑色波浪形，内线黑色，后半波浪形，剑纹小，环纹及肾纹微白，中线黑色，亚端线浅褐色，中段波浪形外弯；后翅浅褐色。

腹部浅褐色，毛簇端部黑色。

雌虫与雄虫相似。

分布：黑龙江、河北、内蒙古、青海、陕西、甘肃、新疆、西藏、四川、云南；保加利亚、波兰、匈牙利、捷克斯洛伐克、罗马尼亚、土耳其、蒙古、日本、俄罗斯、加拿大。

寄主：杂草、蒲公英、麦等。

27. 玉米螟 *Ostrinia nubilalis* (Hübner), 1796

形态特征：成虫体长 13~15mm。触角丝状，前翅有数条波状和锯齿状暗褐色的斑纹，后翅灰黄色，中央有波状横纹，雌蛾体大色浅，雄蛾体小色深。

分布：除西藏、青海未报道外，其他省区皆有为害。

寄主：玉米、高粱、麻类、水稻、大豆等。

图 178　玉米螟

（引自《中山市五桂山昆虫彩色图鉴》上册）

28. 黄地老虎 *Agrotis segetum* (Denis et Schiffermüller), 1775

异名：*Noctua segetum*、*Euxoa segetis*、*Noctua praecox*。

形态特征：雄虫体长 14.2~19.5 mm，翅展 31.4~42.8 mm。

头部浅褐色。触角双栉形。

图 179　黄地老虎

胸部浅褐色。前翅浅褐色，带灰色，基线、内线及外线均黑色，亚端线褐色外侧黑灰色，剑纹小，环、肾纹褐色黑边，环纹外端较尖，中线褐色波浪形；后翅白色半透明，前、后缘及端区微褐色，翅脉褐色。

雌虫与雄虫相似，但色较暗，触角线状，前翅斑纹不显著。

分布：黑龙江、吉林、辽宁、北京、天津、河北、山西、内蒙古、青海、甘肃、新疆、湖北、湖南、河南、山东、江苏、安徽、江西、浙江；欧洲、亚洲、非洲。

寄主：麦类、甜菜、棉花、玉米、高粱、烟草、麻、瓜类、马铃薯、蔬菜及多种林木。

29. 黏虫 *Pseudaletia separata* (Walker), 1865

异　名：*Leucania separta* Walker、*Mythimna separta*。

形态特征：雄虫体长 15.2~17.0 mm，翅展 36.0~41.0 mm。

头部灰褐色。

胸部灰褐色。前翅灰黄褐色、黄色或橙色，内线只现几个黑点，环、肾纹褐黄色，后端有 1 白点，其两侧各 1 黑点，外线为 1 列黑点，亚端部自顶角内斜至 5 脉，翅外缘 1 列黑点；后翅暗褐色。

腹部暗褐色。

雌虫与雄虫相似。

图 180　黏虫

分布：除新疆均有分布；世界各地。

寄主：牧草、麦类、粟、稷、高粱、谷子、水稻、玉米、甘蔗等禾本科植物及林木、果树、大豆、麻等。

30. 小地老虎 *Agrotis ipsilon* (Hufnagel), 1776

异　名：*Phalaena ipsilon* Hufnagel，1766、*Agrotis ypsilon*、*Notua suffuse* Denis et Schiffermuller，1775、*Notua robusta*、*Agrotis frivola*、*Agrotis aureolum*。

形态特征：雄虫体长 21.4~23.0 mm，翅展 47.5~50.2 mm。

头部褐色或黑灰色。额上缘具黑条。头顶具黑斑。颈板基部及中部各具 1 黑横纹。触角双栉形。

胸部褐色或黑灰色。前翅褐色或黑灰色，前缘区色较黑，翅脉纹黑色，基线、内线及外线均双线黑色，中线黑色，亚端

图 181　小地老虎

线灰白色锯齿形，内侧 4~6 脉间有 2 个楔形黑纹，外侧 2 个黑点，环、肾纹暗灰色，后者外方有 1 个楔形黑纹；后翅白色半透明，翅脉褐色，前缘、顶角及缘线褐色。

腹部灰褐色。

雌虫与雄虫相似，但颜色较暗，触角线状。

分布：全国各地；世界各地。

寄主：麦类、甜菜、棉花、玉米、高粱、蔬菜、豌豆、麻、马铃薯、烟草及多种林木。

31. 豆野螟 *Maruea testulalis* (Geyer), 1832

形态特征：成虫体灰褐色，触角丝状，黄褐色。前翅暗褐色，中央有 2 个白色透明斑，后翅白色透明，近外缘处暗褐色。幼虫老熟时体长 14~18mm，黄绿色至粉红色。

头部及前胸背板褐色，中、后胸背板上每节前排有黑褐色毛疣 4 个，各生细长刚毛 2 根，后排有褐斑 2 个。复眼初为浅褐色后变红褐色。翅芽伸至第 4 腹节后缘，将羽化时能透见前翅斑纹。

图 182　豆野螟
（引自《蔬菜病虫害诊治原色图鉴》）

腹部各节背面毛片位置同中胸和后胸。腹足趾沟双序缺环。

分布：陕西、广东。

寄主：蔬菜、豆科牧草。

32. 黄曲条跳甲 *Phyllotreta striolata* (Fabricius), 1803

形态特征：成虫体长 1.8~2.4mm，宽 0.8mm。体长卵形，背面扁平。黑色，光亮；触角基部 3 节及跗节深棕色；鞘翅中央具 1 条黄色纵条，其外侧中部凹曲颇深，内侧中部直形，仅前后两端向内弯曲。头顶在复眼后缘前部具深的刻点。触角之间隆起，脊纹狭隘显著。触角第一节长大，雄虫触角 4、5 节特别膨大粗壮。前胸背板散布深密刻点，有时较稀疏。小盾片光滑无刻点。鞘翅刻点较胸部细浅，其排列亦多呈行列。

图 183　黄曲条跳甲
（引自《辽宁甲虫原色图鉴》）

分布：国内各省区皆有分布。

寄主：鹅观草、黑麦草、狗尾草、早熟禾、苏丹草等。

33. 黄宽条跳甲 *Phyllotreta humilis* Weise, 1887

图 184　黄宽条跳甲
（引自《辽宁甲虫原色图鉴》）

形态特征：成虫体长 1.8~2.2mm。头、胸部黑色，光亮；鞘翅中缝和周缘黑色，每翅具 1 个极宽大的黄色纵条斑，其最狭处亦占鞘翅宽度的一半有余，而以肩下部最宽阔，外侧几乎接触边缘，渐向内斜下，中央无弓形弯曲。腹面黑色；足胫节、跗节棕色；触角基部棕色，端部数节色泽较深或呈棕黑色。头顶具稀疏刻点；触角之间高耸，脊纹颇明显。触角向后伸达鞘翅中部。前胸背板有时具革状细纹，刻点很深密。鞘翅上具有较浅小刻点，分布整齐，部分呈行列状。雄虫腹部末端有 1 个微小凹陷。

分布：宁夏、甘肃、内蒙古、河北、东北等。

寄主：鹅观草、黑麦草、狗尾草、早熟禾、苏丹草等。

34. 黄狭条跳甲 *Phyllotreta vittula* (Redtenbacher),1849

形态特征：成虫体长 1.5~1.8mm。体黑色。头部及前胸背板具绿色金属光泽；触角基部 6 节棕黄色，极光亮，其余各节深暗，至末端呈黑褐色。足股节多为棕黑色，胫节、跗节棕色，后者色泽更浅。鞘翅中央有 1 条黄色直形纵纹，甚狭小，前端近鞘翅基部之外侧端部略成一直角凹曲，以致黄条不蔽及鞘翅肩。头顶具细小刻点。前胸两侧缘中央略呈弧形，表面具革状细纹，满布深密刻点。鞘翅两边平行，基部约与前胸背板等宽，末端呈较宽阔圆形；表面刻点排列成行。

分布：宁夏、甘肃、内蒙古、河北、东北等。

寄主：鹅观草、黑麦草、狗尾草、早熟禾、苏丹草等。

图 185　黄狭条跳甲
（引自《辽宁甲虫原色图鉴》）

35. 黄直条跳甲 *Phyllotreta rectilineata* Chen, 1939

形态特征：成虫体长 2.2~2.8mm。体长形，黑色，极光亮，似带金属光泽；触角基部 3 节，各足胫节、跗节棕红色，后者色泽较深暗。鞘翅中央具 1 个黄色直形纵条斑，仅在外侧呈现极微浅的弯曲，其前端伸展至翅基，畸形狭窄。头顶密布深刻刻点；额瘤消失，中央则有 1 条极短的小深刻纵沟，此沟有时短如刻点。触角约为体长之半，端节 5 节略粗短。前胸背板宽大于长，背面略高凸，分布深大刻点。小盾片光滑。鞘翅刻点较胸部的稍细，基部较粗且显，渐向端末变浅细，黄色纵斑内又较黑色部分浅细。

分布：宁夏、甘肃、内蒙古、河北、东北等。

寄主：鹅观草、黑麦草、狗尾草、早熟禾、苏丹草等。

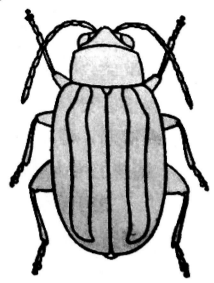

图 186　黄直条跳甲（引自蔡邦华著《昆虫分类学》修订版）

36. 黑皱鳃金龟 *Trematodes tenebrioides* (Pallas), 1871

别名：无翅黑金龟、无后翅黑金龟、无翅黑金龟子、黑皱金龟子。

形态特征：雄虫体长 13.5~17.0 mm，宽 8.0~ 9.5 mm。体中型，较短宽，前胸与鞘翅基部明显收狭，夹成钝角。黑色，较晦暗。

头大。唇基横阔，密布深大蜂窝状刻点，侧缘近平行，前缘中段微弧凹，侧角圆弧形。额唇基缝微陷。额头顶部刻点更大更密，后头刻点小。触角 10 节，鳃片部 3 节短小。下颚须末节长纺锤形。

前胸背板短阔，密布深大刻点。前胸背板前缘侧缘有边框，侧缘弧形扩出，有具毛缺刻；后段近直，后侧角钝角形。小盾片短阔。足粗壮。前足胫节外缘 3 齿。前足、中足跗端之内外爪大小差异明显。鞘翅粗皱，纵肋几乎不可辨，肩突、端突不发达。

腹部中央深凹陷。

雌虫：与雄虫相似，但腹部饱满。

分布：吉林、辽宁、北京、天津、河北、山西、内蒙古、宁夏、青海、陕西、甘肃、湖南、河

图 187　黑皱鳃金龟

南、山东、江苏、安徽、江西、台湾。

寄主：蔬菜，豆科、禾本科牧草。

37. 大皱鳃金龟 *Trematodes grandis* Semenov, 1902

形态特征：雄虫体长 18.5~21.5 mm，宽 10.0~12.0 mm。体中型偏大，黑色。

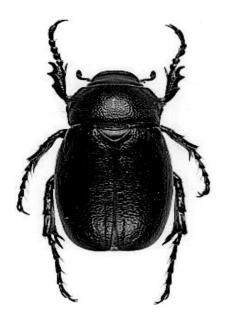

头阔大。唇基长大，近梯形，边缘高高折翘，密布不整圆形刻点，侧缘近斜直，前缘微中凹。额头顶部平坦，密布不整圆形刻点。触角 10 节，鳃片部由后 3 节组成。下颚须末节较短粗。

前胸背板侧缘后段微弯曲，后侧角略向下方延展，近直角形。小盾片短阔，基部两边散布刻点。中足、后足胫节有 2 道具刺横脊，上一道横脊短。后足跗节第 1、2 节长度相当；各足跗节端部 2 爪大小差异明显。鞘翅长大，4 条纵肋可辨，均布浅大刻点，肩突较大，端凸不见。

腹部臀板短阔微皱，表面晦暗。

雌虫与雄虫相似。

分布：内蒙古、宁夏、陕西、甘肃。

寄主：寄主杂，榆、多种固沙植物等。

图 188　大皱鳃金龟

38. 弯齿琵甲 *Blaps* (*Blaps*) *femoralis femoralis* Fischer-Waldheim, 1844

异名：*Pandarus femoralis*、*Blaps femoralis*。

形态特征：雄虫体长 16.5~21.5 mm，宽 6.5~8.0 mm。体粗壮，宽卵形，黑色，弱光亮。

上唇前缘弱凹，被棕色刚毛；唇基前缘直，侧角略伸；额唇基沟明显；头顶具稠密浅刻点。触角粗短，长达前胸背板中部，第 4~7 节近等长，第 7 节端部略膨大；第 8~10 节近球形，末节尖卵形。颏横椭圆形，几无缺刻。

前胸背板近方形，长宽近相等；前缘深凹并有毛列，饰边宽断；侧缘略隆起，饰边完整，端 1/3 处略宽，向前弧形，向后斜直收缩；基部中央弱凹，粗饰边宽断；前角圆钝，后角近直角形；盘区

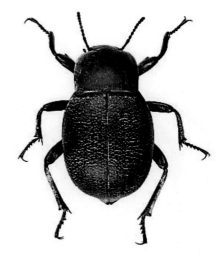

图 189　弯齿琵甲

略隆，基部略扁凹，稠密的圆刻点在中间略稀疏，中纵凹浅。前胸侧板纵皱纹稠密，近基节窝处深；前胸腹突中沟深，垂直下折部分端部扩展；中胸、后胸腹部可见腹板小颗粒稠密。

鞘翅宽卵形，长大于宽 1.5 倍，基部宽于前胸背板基部；侧缘饰边完整，由背面看不到其全长；翅面圆拱，端部 1/4 降落，密布扁平的横皱纹，端部夹杂小颗粒；翅尾短（0.5~1.0 mm）；假缘折鲨皮状。腹部第 1~3 可见腹板皱纹稠密，端部 2 节圆刻点稠密，肛节扁凹；第 1、2 可见腹板间具锈红色毛刷。

足粗短，各腿节光亮，具细纹；前足腿节下侧端部具 1 弯齿，但在有些个体略钝，胫节直，端部不变粗；中足腿节下侧具 1 直角形齿；中、后足胫节具稠密刺状毛，端部截面喇叭口形；后足跗节粗短，第 1~4 节较长度比分别为：1.9、0.7、0.7、2.0。

阳基侧突三角形，顶钝，背面有沟槽，基板长于阳基侧突 2.4 倍，阳基侧突长大于宽 1.8 倍。

雌虫体长 17.5~22.5 mm，宽 7.0~10.5 mm。与雄虫相似，但近于无翅尾，端生殖刺突末端较尖锐。

分布：河北、山西、内蒙古、陕西、甘肃、宁夏；蒙古。

寄主：寄主杂，沙蒿、骆驼蓬等。

39. 钝齿琵甲 *Blaps femoralis medusula* Skopin, 1964

形态特征：上唇前缘略凹，背面中部横列 7 根粗短刚毛，中央 2 根、每侧缘 5 根（偶有一侧 4 根）细长刚毛。内唇前缘 4 根短刚毛，每侧缘刺和刚毛 10~17 根，达侧后缘，唇盘刺区的刺几乎达中部。上颚外侧龙骨突基部 2 根刚毛，关节窝上方的膜质隆突上 5 根（偶有一侧 4 根）刚毛，左上颚腹面外侧关节突的上方有 2~11 根刚毛。触角第 1 节长于第 2 节，侧单眼 5 个二横排。前颏中部 2~6 根、颏部侧后方 8~16 根、亚颏中后部 12~24 根刚毛。第 9 腹节帽状，每侧后缘 6~12 根刺、排列不整齐。侧面观背面缓慢下折，端部上翘。尾突明显，呈扁圆锥形；端动刺明显低于末端突。中胸气门约为第 1 腹气门的 1.5 倍，第 1 腹气门大于其他腹气门，第 2~7 腹气门由前向后逐渐变小。

图 190　钝齿琵甲
（引自《新疆昆虫原色图鉴》）

分布：内蒙古西部；蒙古。

寄主：长芒草，取食植物根部。

40. 大牙锯天牛 *Dorysthenes (Cyrtognathus) paradoxus* Faldermann, 1833

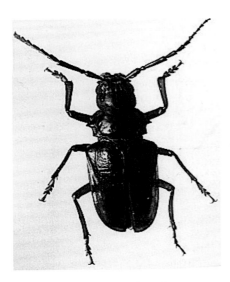

图 191　大牙锯天牛
（引自《中国北方农业害虫原色图鉴》）

形态特征：成虫体长 33~41mm，宽 12.5~15.5mm，略呈圆筒形。棕栗色至黑褐色稍带金属光泽，触角、足红棕色。头长大，向前突出，中央具细纵沟。上颚特长，呈刀状，彼此交叉，向腹面后弯。下颚须末端膨大成喇叭状。触角 12 节。雄虫触角伸达鞘翅近中部，第 3~10 节各节外端角尖锐；雌虫触角细短。前胸短阔，侧缘具 2 齿紧挨，前齿小，中齿尖大。小盾片舌形。鞘翅基部芝大，向后端渐窄，肩钝圆，颖角直尖，每鞘翅具 2~3 条纵脊。雌虫腹基中央向前弧突。足第 3 跗节两叶状，第 4 跗节短小，双爪。

分布：宁夏、甘肃、内蒙古、青海、河北、山西、陕西等。

寄主：禾本科植物。

41. 红缝草天牛 *Eodorcadion chinganicum* Suvorov, 1909

形态特征：成虫体长 15.0~19.0mm，宽 6.0~8.0mm。头、额红褐色，刻点密，覆白短毛，中纵沟明显，沟两侧突起；触角红褐色，柄节长于第 3 节，从第 3 节起，各节基部近 1/3 覆灰白色短毛。前胸背板深红褐色，宽略超长，前缘微凸，后缘直，侧刺突尖朝上；胸面具前后横沟，中纵沟域宽深。小盾片宽三角形，两侧有白毛。鞘翅红褐色，端缘圆形，足棕褐色；后足胫节稍弯，第 1 跗节短于末跗节。

分布：黑龙江、吉林、辽宁、内蒙古。

寄主：披碱草。

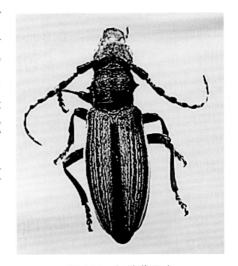

图 192　红缝草天牛
（引自《辽宁甲虫原色图鉴》）

42. 密条草天牛 *Eodorcadion virgatum* (Motschulsky), 1854

形态特征：成虫体长 12.0~22.0mm，宽 5.5~9.5mm。长卵形，黑色至黑褐色。头、前胸背板各有 2 条大致平行的淡灰色或灰黄绒毛纵纹。触角：雄虫深达鞘翅端；雌虫稍短。环节基部覆浅色绒毛。前胸背板宽超长，前缘微凸，后缘平直，顶端较钝；胸面刻点粗大，中央有 1 条基部深凹纵沟。小盾片横长三角形，顶端钝，边缘覆浅色短绒毛。鞘翅肩瘤显著，两侧缘圆弧凸，中部最宽，端缘圆，腹末 2 节外露；每鞘翅有 8 条灰白色或黄绒毛纵条纹，条纹宽窄不一，沿汇合缝形成 1 条黑色宽纵裸带。

分布：黑龙江、吉林、辽宁、北京、河北、山西、内蒙古、陕西、甘肃、湖南、浙江、上海；蒙古、朝鲜、俄罗斯。

寄主：灌木、碱草、披碱草等。

图 193　密条草天牛
（引自《辽宁甲虫原色图鉴》）

43．白茨粗角萤叶甲 *Diorhabda rybakowi* Weise, 1890

别名：白茨萤叶甲、白茨一条萤叶甲。

形态特征：雄虫体长 4.5~5.5mm，宽 3.0~4.2mm，体长形。

头部从后头向前有 1 个"山"形黑斑。头顶具中央纵沟及较密刻点。额瘤发达，光滑无刻点。触角 11 节，除第 1 节外，第 3 节最长，长约为第 2 节的 4 倍，第 4 节的 1.5 倍；第 11 节具亚节。触角 1~3 节背面黑褐色，腹面黄色；第 4~11 节黑褐色。

前胸背板黄色，具中部稀少、两侧较密的刻点，中部两侧各具 1 个较深凹洼，具 5 个斑：中部及两侧各 1 个斑，中斑上、下各 1 个斑。基缘中部浅凹。小盾片舌形，具刻点，黄色。腿节较发达，爪简单。足黄色，腿节和胫节相接处、胫节端部、跗节黑褐色。鞘翅黄色，布细于前胸背板有间距为自身直径 2~4 倍的刻点，具 1 条黑褐色纵纹。隆起，肩胛微隆。

腹部黄色，具较细密的刻点和纤毛。各节腹板两侧各具 1 个黑斑，第 3~5 节后缘中部黑褐色。

雌虫与雄虫相似。

分布：内蒙古、宁夏、青海、陕西、甘肃、新疆、四川；蒙古。

寄主：白茨。

图 194　白茨粗角萤叶甲

44. 漠金叶甲 *Chrysolina aeruginosa* (Faldermann), 1835

异名： *Chrysomela aeruginosa*、*Oreina aeruginosa*。

图 195　漠金叶甲

形态特征： 雄虫体长 7.2~8.5mm，宽 4.2~5.4mm。卵圆形。

头部蓝紫色，光亮。头顶具稀、细刻点。触角 11 节，第 2 节球形；第 3 节细长，长约为第 2 节的 1.5~2 倍；第 4 节短于第 3 节；端末 5 节加粗。触角酱红色或黑色。

胸部蓝紫色，光亮。前胸背板中部密布与头部等粗刻点；两侧靠近侧缘显著纵行隆起，其内侧纵凹内刻点粗大紧密。小盾片舌形，不具刻点。足蓝紫色。鞘翅铜绿色，周缘蓝紫色，光亮，布粗、深刻点，刻点从外侧向中缝、从基部向端部渐细，略呈双行排列，行距上具细刻点和横皱纹。

雌虫与雄虫相似，但各足跗节第 1 节腹面沿中线光秃。

分布： 黑龙江、吉林、北京、河北、内蒙古、宁夏、青海、甘肃、西藏、四川；朝鲜，俄罗斯。

寄主： 黑沙蒿、白沙蒿等蒿属植物。

45. 中华萝藦肖叶甲 *Chrysochus chinensis* Baly, 1859

异　名： *Chrysochus singularis* Lefèvre，1884、*Chrysochus goniostoma* Weise，1889、*Chrysochus cyclostoma* Weise，1889。

形态特征： 雄虫体长 7.0~13.6mm，宽 4.0~7.2mm。体粗壮，长卵形。金属蓝或蓝绿、蓝紫色。

头部刻点或稀或密，或深或浅，一般在唇基处刻点较其余部分细密，毛被也较密。头中央有一条细纵纹，有时不明显。触角基部各有 1 个隆起的光滑瘤。触角较长或较短，达到或超过鞘翅肩部。第 1 节膨大，呈球形；第 2 节短小；第 3 节较长，约为第 2 节长的 2 倍；第 3~5 节长短比例有变异，或第 3、第 4、第 5 节等长，或第 3、第 5 节等长，

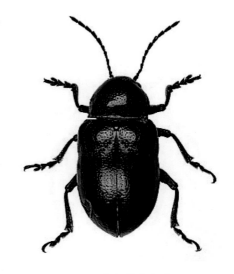

图 196　中华萝藦肖叶甲

长于第 4 节，或第 5 节长于第 3、第 4 节；末端第 5 节稍粗且较长。触角黑色，第 1 节背面具金属光泽，第 1~4 节常为深褐色，末端第 5 节乌暗无光泽。

前胸背板长大于宽，基端两处较狭；盘区中部高隆，两侧低下，如球面形，前角突出；侧边明显，中部之前呈弧圆形，中部之后较直；盘区刻点或稀或密，或细或粗。小盾片心形或三角形，表面光滑或具细微刻点。蓝黑色，有时中部有 1 红斑。中胸腹板宽，方形，后缘中部有 1 向后指的小尖刺。爪双裂。鞘翅基部稍宽于前胸，肩部和基部均隆起，二者之间有 1 纵凹沟，基部之后有 1 或深或浅横凹；盘区刻点大小不一，一般在横凹处和肩部下面刻点较大，排列成略规则的纵行或排列不规则。

雌虫与雄虫相似，但中胸腹板后缘中部稍向后凸出，无向后伸的小尖刺；前足、中足第 1 跗节较雄虫窄。

分布：黑龙江、吉林、辽宁、河北、山西、内蒙古、宁夏、青海、陕西、甘肃、云南、河南、山东、江苏、江西、浙江；朝鲜、日本、西伯利亚。

寄主：黄芪属、罗布麻属、曼陀罗、鹅绒藤、戟叶鹅绒藤、徐长卿、茄、芋、甘薯、蕹菜、雀瓢。

46. 麦秆蝇 *Meromyza saltatrix* Linnaeus

形态特征：雄虫体长 3.0~3.5 mm，雌虫体长 3.7~4.5 mm，体为浅黄绿色，复眼黑色；单眼区褐斑较大，边缘越出单眼之外；胸部背面具 3 条黑色或深褐色纵纹，中间 1 条纵纹前宽后窄；触角黄色，小腮须黑色，基部黄色；足绿色；后足腿节膨大。

图 197　麦秆蝇

分布：内蒙古、甘肃、新疆、青海、河北、山西、陕西、宁夏、河南、山东、四川、云南、广东等。

寄主：小麦、大麦草、黑麦草、披碱草、白草、狗尾草、赖草、绿毛鹅观草、雀麦、早熟禾、马唐等。

47. 青稞穗蝇 *Nanna truncata* Fan

形态特征：成虫体黑色，雄虫体长 5.0~5.5mm，雌 5.0~6.0mm，翅展 9.5~11.2mm。头和胸部暗灰色。触角黑色，芒具极短的毳毛。腹部黑色，末端稍尖，椭圆形，生

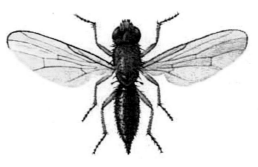

图 198　青稞穗蝇（引自《中国百科网》：http://www.chinabaike.com）

殖器位于末端。翅具紫色光泽，前缘基鳞、亚前缘骨片、腋瓣、平衡棒均淡黄。足除中后足基节暗色外，其余各节均呈黄色，后足腿节尤明显。前足腿节前面的黑色鬃7~11个（平均9个）。腹部略呈圆柱形，具薄的淡灰粉被，侧尾叶末端钝平。

分布：多分布于青海、甘肃，在青海脑山地区发生严重。

寄主：青稞、大麦草、黑麦草、燕麦草、冰草等。

48. 麦种蝇 *Hylemyia coarctata* **Fallen**

形态特征：雄成虫体暗灰色，头银灰色，窄额，额条黑色；复眼暗褐色；触角黑色，腹部上下扁平，狭长细瘦，较胸部色深；翅浅黄色，具细蝗褐色脉纹，平衡棒黄色；足黑色。雌虫体灰黄色。卵长椭圆形，腹面略凹，背面凸起，一端尖削，另一端较平，初乳白色，后变浅黄白色，具细小纵纹。幼虫体蛆状，乳白色，老熟时略带黄色。围蛹纺锤形，初为淡黄色，后变黄褐色，两端稍带黑色，羽化前黑褐色，稍扁平，后端圆形有凸起。

图 199　麦种蝇
（引自《作物病虫害诊断与防治》）

分布：新疆、甘肃、宁夏、青海、陕西、内蒙古、山西、黑龙江等。

寄主：为害小麦、黑麦、赖草和冰草等植物。

49. 豌豆潜叶蝇 *Chromatomyia horticola* (Goureau)

异　名：*Phytomyza atricornis* Meigen，*P. nigricornis* Hardy、*Phytomyza horticola* (Gourean)

形态特征：体小型，似果蝇。雌虫体长 2.3~2.7mm，翅展 6.3~7.0mm。雄虫体长 1.8~2.1mm，翅展 5.2~5.6mm。全体暗灰色，有稀疏的刚毛。头部黄色，复眼椭圆形，红褐色至黑褐色。胸部、腹部及足灰黑色，但中胸侧板、翅基、腿节末端、短腹节后缘黄色。触角黑色，分3节，第3节近方形，触角芒细长，分成2节，其长度略大于第3节的2倍。翅透明，但有虹彩反光。

分布：全国各地。

寄主：食性杂。

图 200　豌豆潜叶蝇

50. 条赤须盲蝽 *Trigonotylus coelestialium* (Kirkaldy), 1902

异　名：*Megaloceraea coelestialium* Kirkaldy，1902、*Trigonotylus coelestialium* (Kirkaldy)、*Trigonotylus procerus* Jorigtoo *et* Nonnaizab，1993。

形态特征：成虫体长 4.6~6.4 mm，宽 1.2~1.6 mm。鲜绿色，干标本污黄褐色，体近一色。

头背面具淡褐至淡红褐色中纵细纹，又沿触角基内缘至头后缘间有一淡褐色细纵纹。眼至触角窝间的距离约为触角第 1 节直径之半。触角红色，第 1 节有明显的红色纵纹 3 条，纹的边缘明确，具暗色毛，但不呈明显的硬刚毛状。喙明显伸过中胸腹板后缘，几达或略过中足基节后缘。

前胸背板长宽比约为 1∶1.8，有时有很隐约的暗色纵纹 4 条，中央一对位于中纵低棱的两侧，侧方一对位于侧边的内侧，色较淡而隐约；前胸背板侧边区域具稀疏淡色小刚毛状毛外，盘域毛几不可辨。小盾片中纵纹淡色，两侧有时易有暗色纵纹。中胸盾片外露甚多。爪片与革片一色，毛黄褐色或淡褐色，短小，较稀，半平伏。胫节端部及跗节红色、红褐色至黑褐色不等；后足胫节刺淡黄褐色。

图 201　条赤须盲蝽

分布：黑龙江、吉林、辽宁、河北、山西、内蒙古、宁夏、陕西、甘肃、新疆、四川、云南、湖北、河南、山东、江苏、江西；朝鲜、俄罗斯，欧洲、北美也有分布。

寄主：羊草、赖草、芦苇、苏丹草、无芒雀麦、大麦、黑麦、玉米、高粱、谷子等。

51. 横带红长蝽 *Lygaeus equestris* (Linnaeus), 1758

形态特征：成虫体长 12.5~14mm，宽 4~4.5mm，朱红色。头三角形，前端、后缘、下方及复眼内侧黑色。复眼半球形，褐色，单眼红褐。触角 4 节，黑色，第 1 节短粗，第 2 节最长，第 4 节略短于第 3 节。喙黑，伸过中足基节。前胸背板梯形，朱红色，前缘黑，后缘常有 1 个双驼峰形黑纹。小盾片三角形，黑色，两侧稍凹。前翅革

图 202　横带红长蝽
（引自《沈阳昆虫原色图鉴》）

片朱红色，爪片中部有1圆形黑斑，顶端暗色，革片近中部有1条不规则的黑横带，膜片黑褐色，一般与腹部末端等长，基部具不规则的白色横纹，中央有一个圆形白斑。足及胸部下方黑色，跗节3节，第1节长，第2节短，爪黑色。腹部背面朱红，下方各节前缘有2个黑斑，侧缘端角黑。

分布：黑龙江、吉林、辽宁、内蒙古、河北、山西、陕西、宁夏；蒙古、俄罗斯、日本、印度、英国。

寄主：鹅绒藤、徐长卿、榆、柠条、沙枣、枸杞、艾蒿、白菜、甘蓝等。

52. 横纹菜蝽 *Eurydema gebleri* Kolenati, 1846

形态特征：成虫体长5.5~7.5mm，宽3~4mm；椭圆形。头部黑色，边缘黄红。

复眼前方内侧各有1个黄色斑；触角黑色，每节端部白色。前胸背板黄色和红色，有大黑斑6块，前2后4横向排列，后排中间2个黑斑中间及后缘红色。小盾片基部呈1近三角形大黑斑，近端处两侧各有1个小黑斑；除黑色部分外，由端部向基部如黄红色"丫"字。腹部腹面黄色，各节中央有1对黑斑，近边缘处每侧有1个黑斑。足腿节黄红色，但端部黑色，具1白斑；胫节中部白色，两端黑色；跗节黑色。

图203 横纹菜蝽
（引自《新疆昆虫原色图鉴》）

分布：黑龙江、吉林、辽宁、内蒙古、宁夏、甘肃、新疆、河北、陕西、山东、江苏、安徽、湖北、四川、贵州、云南、西藏。

寄主：食性杂，为害蔬菜及杂草。

53. 紫翅果蝽 *Carpocoris purpureipennis* De Geer

形态特征：成虫体长12~13mm，宽7.5~8.0mm；宽椭圆形，黄褐色至紫褐色。头部侧缘及基部黑色；触角黑色。前胸背板前半部有4条宽纵黑带，侧角端处黑色；小盾片末端淡色。翅膜片淡烟褐色，几内角有大黑斑，外缘端处呈1块黑斑。腹部侧接缘黄黑相间，体腹面及足黑色。

分布：黑龙江、吉林山西、陕西、青

图204 紫翅果蝽（引自《新疆昆虫原色图鉴》）

海、金昌、兰州、天水；南欧，克什米尔。

寄主：果树，豆科、禾本科牧草。

54. 麦长管蚜 *Macrosiphum avenae* (Fabricius), 1775

形态特征：无翅孤雌蚜：长卵形，长3.1mm，宽1.4mm；草绿或橙红色。头部灰绿色，中额微隆，额瘤明显外倾。触角细长，黑色。腹部两侧有不甚明显的灰绿色斑，腹部6~8节及腹面明显横网纹。腹管黑色，长圆筒形，端部1/3~1/4有网纹13~14行。尾片长圆锥形，有长短毛6~10根。足淡绿色，腿节端部胫节端部及跗节黑色。

图 205　麦长管蚜

有翅孤雌蚜：椭圆形，长3.0mm，宽1.2mm。头、胸部褐色骨化，腹部色淡，各节有断续褐色背斑，第1~4节具圆形绿斑。触角与体等长，黑色，第3节有圆形感光圈8~12个。腹管长圆筒形，端部有15~16横行网纹。尾片长圆锥形，有长毛8~9根。尾板毛10~17根。前翅中脉3分叉。特征与无翅型相似。

分布：全国各地各省区皆有发生。

寄主：披碱草、雀麦、鹅观草、苏丹草、冰草、赖草、看麦娘、白羊茅等。

图 206　麦二叉蚜

55. 麦 二 叉 蚜 *Schizaphis graminum* (Rondani), 1852

形态特征：无翅孤雌蚜：卵圆形，长2mm，宽1mm；淡绿色，背中线深绿色。头前方有瓦纹，背面光滑，中额瘤稍隆起，额瘤稍高于中额瘤。触角有瓦纹，黑色，但第3节基半部及第1、2节淡色。喙长超过中足基部，足淡色至灰色。尾管色淡，顶端黑色，长圆筒形，尾片及尾板灰褐色，尾片长圆锥形。

有翅孤雌蚜：长卵形；长1.8mm，

宽0.73mm。头胸黑色腹部淡色，有灰褐色微弱斑纹。腹部第2~4节缘斑甚小。触角黑色，足灰黑色，腹管淡绿色略有瓦纹，短圆筒形，前翅中脉分为2叉。

分布：中国及世界广泛分布。

寄主：披碱草、雀麦、鹅观草、苏丹草、冰草、赖草、看麦娘、白羊茅等。

56. 禾谷缢管蚜 *Rhopalosiphum padi* (Linnaeus), 1758

图207 禾谷缢管蚜
（引自《沈阳昆虫原色图鉴》）

形态特征：无翅孤雌蚜：宽卵形，长1.9mm，宽1.1mm。橄榄绿至黑绿色，杂以黄绿色纹，常被白色薄粉，腹管基部周围常有淡褐色或锈色斑。头部光滑，但头前部有曲纹。触角黑色，第3节有瓦纹；触角为体长的0.7倍。喙色淡，但端节端部灰黑色。足色淡，胫节端部1/4及跗节灰黑色。缘瘤指状，位于前胸及腹部第1、7节。中胸腹叉无柄。腹管灰黑色，长圆筒形，顶部收缩，有瓦纹缘突明显，无切迹。尾片及尾板灰黑色。尾片圆锥形，具曲毛4根，有微刺构成的瓦纹。

有翅孤雌蚜：长卵形，长2.1mm，宽1.1mm。头、胸黑色，腹部绿至深绿色。腹部第2~4节有大形绿斑；腹管后斑大，围绕腹管向前延伸，与很小的腹管前斑相合。节间斑灰黑色，腹管黑色。喙第3节基端节黑色。触角第3节有小圆形至长圆形次生感觉圈19~28个，分散于全长。

分布：华北、东北、华东、华南、西南、西北地区；朝鲜，日本，约旦，埃及，欧洲，新西兰，北美。

寄主：披碱草、雀麦、鹅观草、苏丹草、冰草、赖草、看麦娘、白羊茅等。

57. 麦无网长管蚜 *Acyrthosiphon dirhodum* (Walker), 1849

形态特征：无翅孤雌蚜：纺锤形，长2.5mm，宽1.1mm。蜡白色，体表光滑。触角细长有瓦纹，腹管蜡白色，顶端色较暗，长筒形，有瓦纹，基部几与端部同宽，具缘突及切迹。尾片舌形，基部收缩，有刺突、瓦纹及粗长毛7~9根。尾板末端圆形，有8~10根毛。

图208 麦无网长管蚜
（引自《作物病虫害诊断与防治》）

有翅孤雌蚜：纺锤形，长 2.3mm，宽 0.91mm。蜡白色，头胸黄色。触角第 3 节有小圆形感觉圈 10~20 个，分布全节外缘 1 列。腹管长圆筒形，约与触角第 5 节等长。尾片毛 6~9 根；尾板毛 9~14 根。

分布：华北、东北、华东、华南、西南、西北地区；朝鲜、日本、约旦、埃及、新西兰，欧洲和北美也有分布。

寄主：麦类。

58. 大青叶蝉 *Cicadella viridis* (Linnaeus), 1758

形态特征：成虫体长 7.2~10.1mm，青绿色。头冠部淡黄绿色，前部左右各有 1 组淡褐色弯曲横纹，此横纹与前下方后唇基横纹相接。两单眼间有 1 对多边形黑斑。前胸后 2/3 深绿色，前 1/3 黄绿色。小盾片三角形、黄色。前翅绿色，微带蓝色，末端灰白色，透明，翅脉青黄色；后翅烟黑色，半透明。腹部背面蓝黑色，两侧及末节橙黄色带有烟黑色。足黄白色至橙黄色。卵长 1.6mm，宽 0.4mm，长椭圆形，一端尖，黄

图 209　大青叶蝉

白色。初孵若虫灰白色，头大腹小；3 龄后变黄绿色，胸、腹背面有 4 条褐色纵纹。具翅芽。

分布：甘肃、宁夏、内蒙古、新疆、河南、河北、山东、山西、江苏等。

寄主：禾本科作物和牧草、豆类、十字花科植物以及树木等。

59. 二点叶蝉 *Cicadula fasciifrons* (Stal)

形态特征：成虫体连翅长 3.5~4.4mm，淡黄绿色。头部黄绿色，头冠后部接近后缘处，有明显的黑色圆点，前部有 2 对黑色横纹，前 1 对位于头冠前缘，与颜面额唇基区两侧的黑色横纹接连并列；额唇区的黑色横纹有多对，中间常有 1 条暗色纵纹；头冠部中线短；复眼黑褐色，单眼淡黄色。前胸背板黄绿色，中后部隐现出暗色。小盾片鲜黄绿色。足淡黄色，腿节及胫节具黑色条

图 210　二点叶蝉
（引自《水稻病虫害彩色图鉴》）

197

纹，后足胫刺基部有黑点。

分布：东北、华北、内蒙古、宁夏以及南方各省区；朝鲜、日本、俄罗斯及欧洲、北美洲。

寄主：禾本科牧草、小麦、水稻以及棉花、大豆、蔬菜等。

60. 黑尾叶蝉 *Nephotettix cincticeps* (Uhler), 1896

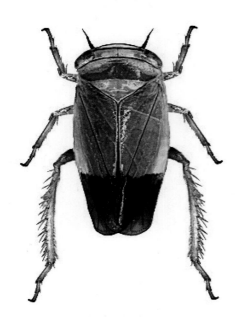

图 211　黑尾叶蝉

异　名：*Selenocephalus cincticeps* Uhler，1896、*Nephotettix bipunctatuss*（Fabricius）、*Nephotettix apicalis*（Motschulsky）、*Nephotettix bipunctatuss cincticeps*、*Nephotettix apicalis cincticeps*、*Nephotettix cincticeps*、*Paramesus cincticeps*。

形态特征：雄虫体长 4.5~6.0 mm。体黄绿色。

头部与前胸背板等宽，向前成钝圆角突出，黄绿色，在头冠复眼间接近前缘处有 1 条黑色横凹沟，内有 1 条黑色亚缘横带，带的后方连接黑色中纵线。复眼黑褐色，单眼黄绿色。额唇基区黑色，内有小黄点，前唇基及颊区为淡黄绿色，其间存在黑色斑纹，斑纹大小变化不一。

前胸背板两性均为黄绿色，但后半色深为淡蓝绿色。小盾板黄绿色。前翅淡蓝绿色，前缘区淡黄绿色，翅端 1/3 为黑色，有时在一些个体中，于翅中部有 1 个黑色斑点。胸部腹面全为黑色，仅环节边缘淡黄绿。各足均为黄色，各节具黑色斑纹。

腹部腹面及背面全为黑色，仅环节边缘淡黄绿。

雌虫与雄虫相似，但颜面为淡黄褐色，额唇基的基部两侧区各有数条淡褐色横纹，颊区淡黄绿色。胸部腹面淡黄色。前翅翅端 1/3 为淡褐色。腹部腹面淡黄色，背面黑色。

分布：黑龙江、吉林、辽宁、北京、天津、河北、山西、内蒙古、甘肃、四川、云南、贵州、西藏、重庆、湖北、湖南、河南、山东、江苏、安徽、江西、浙江、福建、上海；朝鲜、日本。

寄主：稗草、看麦娘、结缕草、游草、康穗、茭白、小麦、谷子、水稻、甘蔗、白菜、芥菜、萝卜、甘蔗等。

61. 白背飞虱 *Sogatella furcifera* (Horváth), 1899

形态特征：长翅型体长 3.8~4.6mm，短翅型体长 2.5~3.5mm。头顶部显著凸出，额以下部最宽，有翅斑。雄体黑褐色，颜面纵沟黑褐色，头顶及两侧脊间、前胸和中胸背板中域黄白色，前胸背板侧脊外方于复眼后有 1 个暗褐色新月形斑，中胸背板侧区黑褐色。前翅淡黄褐色，透明，翅斑黑褐色。胸、腹部腹面黑褐色，抱握器瓶状，前端为 2 小分叉。雌体黄白色或灰黄褐色，小盾片中间黄白色，整个腹面黄褐色，中胸背板侧区浅黑褐色。

分布：宁夏、河北、山西、辽宁、吉林、黑龙江、江苏、浙江、安徽、福建、江西、山东、河南、湖北、湖南、广东、广西、四川、云南、贵州、陕西、西藏、甘肃及台湾地区；朝鲜、日本、菲律宾、印度尼西亚、马来西亚、印度、斯里兰卡、俄罗斯、澳大利亚。

寄主：稗草、早熟禾等禾本科植物及芸香科植物。

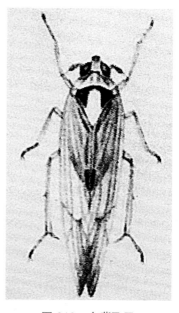

图 212　白背飞虱
（引自《水稻病虫彩色图鉴》）

62. 灰飞虱 *Laodelphax striatellus* (Fallén), 1826

形态特征：成虫长翅型体长 3.5~4.0mm，短翅型体长 2.4~2.6mm。体淡黄褐色至灰褐色；头顶基半部淡黄色，端半部及整个面部黑色，仅隆脊淡黄色；触角黄色。中胸背板雄黑色，前翅近于透明，具黑色斑纹。雄虫胸、腹部面黑褐色，雌虫黄褐色。足淡黄褐色。

分布：宁夏、河北、山西、辽宁、吉林、黑龙江、江苏、浙江、安徽、福建、江西、山东、河南、湖北、湖南、广东、广西、四川、云南、贵州、陕西、西藏、甘肃及台湾地区；朝鲜、日本、菲律宾、印度尼西亚、马来西亚、印度、斯里兰卡、俄罗斯、澳大利亚。

寄主：稗草、冰草、鹅冠草等。

图 213　灰飞虱
（引自《沈阳昆虫原色图鉴》）

63. 黑圆角蝉 *Gargara genistae* (Fabricius), 1775

形态特征：雄虫体长 3.9~4.1mm，雌虫体长 4.6~4.8mm；雄虫翅长 8.2~9.0mm，雌虫翅长 10~10.1mm。体黑或红褐色。头和胸部被细毛，刻点密，中、后胸两侧和腹部第 2 节背板侧面有白色长细毛组成的毛斑（有的个体不太明显）。头黑色，复眼黄褐色，单眼淡黄色。

前胸背板和中脊起除前端不太明显外，在前胸斜面至顶端均很明显；后凸起呈屋脊状，刚伸达前翅内角。前翅基部 1/5 革质，黑或褐色，有刻点，其余部分灰白色透明，有细皱纹；翅脉黄褐色，盘室端部的横脉黑褐色。后翅灰白色，透明。腹部红褐色或黑色。足基节和腿节基部大部分黑色，其余部分黄褐色。雄虫体较小，黑色。

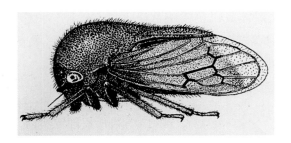

图 214　黑圆角蝉（引自《宁夏农业昆虫图志》）

雌虫体较大，多为红褐色。

分布：全国除新疆、西藏未见标本外，其他各省区均有分布；广布东半球。

寄主：苜蓿、枸杞、酸枣、桑、柿、苹果、刺槐、国槐等。

第九章

苜蓿害虫天敌形态特征

苜蓿害虫天敌种类检索表

33 前胸腹板无纵隆线 ······························· 星瓢虫 *Adalia bipunctata* (Linnaeus), 1758
前胸腹板有纵隆线 ·· 34

34 前胸腹板纵隆线达腹板前缘 ·············· 中国双七瓢虫 *Coccinula sinensis* (Weise), 1889
前胸腹板纵隆线达前足基节前缘 ··· 35

35 鞘翅黑斑点形 ··· 36
鞘翅黑斑非点形 ·· 37

36 鞘翅具 11 点形斑 ····················· 十一星瓢虫 *Coccinella undecimpunctata* (Linnaeus), 1758
鞘翅具 7 点形斑 ·························· 七星瓢虫 *Coccinella septempunctata* (Liunaeus), 1758

37 前胸的白斑近方形 ················ 横斑瓢虫 *Coccinella transversoguttata* Faldermann, 1835
前胸白斑近三角形 ··························· 横带瓢虫 *Coccinella trifasciata* (Linnaeus), 1758

38 腹部第 1 节并入胸部；后翅前缘有 1 列小钩；成无翅 ··· 39
腹部第 1 节不并入胸部；后翅无小钩列 ··· 45

39 体小型，长 1mm 左右 ···················· 蚜虫跳小蜂 *Syrphophagus aphidivorus* (Mayr), 1876
体中大型，长 2~10mm ··· 40

40 雌蜂的产卵器长 ······················· 苜蓿叶象姬蜂 *Bathyplectes curculionis* (Thomson)
雌蜂的产卵器正常 ·· 41

41 腹部全部赤红色 ·························· 赤腹茧蜂 *Iphiaulax impostor* (Scopoli), 1763
腹部非上所述 ·· 42

42 体黑色 ···························· 菜粉蝶绒茧蜂 *Apanteles glomeratus* (Linnaeus), 1758
体黄色至褐色 ·· 43

43 头部褐色，脸、唇基、口器黄褐色 ········· 燕麦蚜茧蜂 *Aphidius avenae* Haliday, 1834
头部黑褐色至黑色 ·· 44

44 触角雌 16~18 节，多为 17 节；雄 19~20 节 ····· 烟蚜茧蜂 *Aphidius gifuensis* Ashmead, 1906
触角 13~15 节 ······························· 菜蚜茧蜂 *Diaeretiella repae* Mintosh

45 头部无小黑斑 ··· 46
头部有小黑斑 ··· 47

46 翅脉黄绿色，前缘横脉的下端，径干脉和径横脉的基部以及内外两组阶脉均为黑色，翅基部的横
脉也多为黑色 ····························· 中华草蛉 *Chrysoperla sinica* (Tjeder), 1936
翅脉全部为绿色 ···························· 普通草蛉 *Chrysopa camea* (Stephens), 1836

47 头部有黑斑 2~7 个 ························· 大草蛉 *Chrysopa pallens* (Rambur), 1838
头部有小黑斑 9 个 ··· 48

48 触角黄褐色，第 2 节黑褐色；翅透明，翅端较圆，翅痣黄绿色，前后翅的前缘横脉列及径横脉列
下端为黑色，前翅基部上述横脉也为黑色，所有阶横脉均为绿色，翅脉上具黑色
······························· 丽草蛉 *Chrysopa formosa* Brauer, 1850
触角黄色，第 2 节黑色；翅绿色，透明，前、后翅的前缘横脉列只有靠近亚前缘脉一端为黑色，
其余均为绿色 ··························· 叶色草蛉 *Chrysopa phyllochroma* Wesmael, 1841

49 跗节 5 节 ·· 50
跗节最多 3 节；或足退化，甚至无足 ··· 57

50 体小型，长 5~6mm ····················· 四条小食蚜蝇 *Paragus quadrifasciatus* Meigen
体中大型，长 10~15mm ··· 51

51 腹部黑色，第 2 腹节背板有横置的黄斑 1 对，第 3、4 节背板各有 1 条黄横带，其后缘正中凹入，
两侧前缘稍凹入 ······················· 凹带食蚜蝇 *Metasyrphus nitens* (Zetterstedt), 1843
腹部不具明显凹带 ·· 52

52 腹部极细长，远超过翅长，腹长约为宽的 4~6 倍

·············· 短翅细腹食蚜蝇 *Sphaerophoria scripta* (Linnaeus), 1758

腹部相对较粗 ·· 53

53 腹部第 2 背片端半部，第 3、4 背片基半部各有 1 对月形黄斑，第 2、3 对新月形环斑的内、外前角在同一个水平线上，与背板前缘距离相等

·············· 月斑鼓额食蚜蝇 *Lasiopticus selenitica* (Meigen), 1972

腹部不具明显月形黄斑 ·· 54

54 单眼三角区黑色，额、颜黑色覆灰色粉被，稍具光泽，触角棕黄色，第 3 节背侧褐色，足大部棕黄色 ············· 梯斑墨食蚜蝇 *Melanostoma scalare* (Fabricius), 1794

非上所述 ·· 55

55 中胸盾片黑色，前后肩胛两侧边缘及小盾片黄色 ··· 黑带食蚜蝇 *Syrphus balteatus* (De Geer), 1776

中胸盾片非上所述 ·· 56

56 中胸盾片黑绿色，两侧棕黄色 ········· 大灰食蚜蝇 *Metasyrphus corollae* Fabricius, 1794

中胸前盾片蓝黑色，但两侧棕黄色，具光亮

·············· 斜斑鼓额食蚜蝇 *Scaeva pyrastri* (Linnaeus), 1758

57 口器常不对称；足端部有泡；无翅和翅围有缨毛

·············· 塔六点蓟马 *Scolothrips takahashii* Priesener, 1950

口器对称；足端无泡；翅不围缘毛，或无翅 ········· 58

58 无单眼 ·············· 黑点食蚜盲蝽 *Deraecoris punctulatus* (Fallén), 1807

具单眼 ··· 59

59 体小型，长约 2mm ············· 小花蝽 *Orius minutus* (Linnaeus), 1758

体中型，长约 5~15mm ·· 60

60 前足腿节正常 ············· 暗色姬蝽 *Nabis* (*Nabis*) *stenoferus* (Hsiao), 1964

前足腿节粗短 ·· 61

61 体长约 8.7mm ··············· 华姬猎蝽 *Nabis sinoferus* (Hsiao), 1964

体长 13.5~14mm ·············· 南普猎蝽 *Oncocephalus philppinus* Lethierry, 1877

1. 多异瓢虫 *Hippodamia variegata* (Goeza), 1777

形态特征：成虫体长 4.0~4.7mm，长卵形，背面中度拱起。头部白色，头顶部黑色，或在唇基处具 2 个黑斑，或与头顶黑色部分连接，触角、口器黄褐色。前胸背板白色，基部有黑色横带，向前伸出 4 个指状纹，或相连而黑斑内有 2 个小白点，有时中央的 2 个指状纹可独立或 4 个均独立。小盾片黑色。鞘翅黄褐色至红色，两鞘翅共有 13 个黑斑，除小盾斑外（小盾斑两侧有时具白斑），每一鞘翅各有 6 个黑斑，通常鞘翅基半部的 3 个斑较小，而端半部的 3 个斑较大，黑斑变异很大，斑纹可部分消失（通常是基半部的 3 个），或斑纹相连。第一腹板具完整的后基线。

分布：黑龙江、吉林、辽宁、陕西、甘肃、宁夏、新疆、内蒙古、北京、河北、山

图 215　多异瓢虫成虫（左）　　　　　图 216　多异瓢虫幼虫（右）

西、河南、山东、福建、四川、云南、西藏；古北区，印度，尼泊尔，非洲，并引入北美、南美和澳洲。

　　防治对象：可捕食苜蓿上的豌豆无网长管蚜、苜蓿斑蚜、豆无网长管蚜等，以及其他农田、果园、森林多种蚜虫。

2. 异色瓢虫 *Harmonia axyridis* (Pallas), 1773

　　形态特征：成虫体长 5.4~8.0mm。体色和斑纹变异很大。雄性头部白色，常常头顶具 2 个黑斑或相连，或额的前端具一黑斑，唇基白色，雌性黑色区通常较大，斑扩大，额中呈三角形白斑，或全黑，唇基亦为黑色。前胸背板斑纹多变，或白色，有 4~5 个黑斑，或相连形成"八"或"M"形斑，或黑斑扩大，仅侧缘具 1 个大白斑，或白斑缩小，仅外缘白色，或仅前角的两侧缘浅色。鞘翅可分为浅色型和深

图 217　异色瓢虫成虫浅色型（左）

图 218　异色瓢虫成虫深色型（中）　　　　图 219　异色瓢虫幼虫（右）

色型两类，浅色型小盾片棕色或黑色，每一鞘翅上最多9个黑斑和合在一起的小盾斑，这些斑点部分或全部可消失，出现无斑、2斑、4斑、6斑、9~19个斑等，或扩大相连等；深色型鞘翅黑色，通常每一鞘翅具2个或4个红斑，红斑可大可小，有时在红斑中出现黑点等。大多数个体在鞘翅末端7/8处具1个明显的横脊。

分布：中国广泛分布（广东南部及香港无分布）；日本、朝鲜、俄罗斯、蒙古、越南，引入或扩散到欧洲、北美和南美。

防治对象：可捕食苜蓿上的豌豆无网长管蚜，也可捕食多种其他蚜虫、蚧虫、木虱、蛾类的卵及小幼虫、叶甲幼虫等，甚至会捕食食蚜蝇幼虫等。此外它还能捕食其他瓢虫，食物不足时还会自相残杀。

3. 十三星瓢虫 *Hippodamia terdecimpunctata* (Linnaeus), 1758

形态特征：成虫体长4.5~6.5mm。头部黑色，前缘黄色，并呈三角形伸入额间，复眼黑色，触角和口器黄褐色。前胸背板白色或橙黄色，中部为近梯形的大型黑斑，在其两侧各有1个小圆形黑斑，有时大黑斑扩大与小斑相连。小盾片黑色。鞘翅黄褐色至橙红色，鞘翅上具有13个黑斑，除小盾斑外，每一鞘翅各有6个黑斑，前3个斑形成1个向上的三角形，后3个斑形成1个向外的三角形，斑点独立，或减少，甚至无斑纹，或者扩大相互融合，甚至鞘翅黑色，只剩基缘和外侧浅色。跗爪有一个中齿，着生在爪的2/3处。第一腹板无后基线。足黑色，但胫节和跗节大部分橙黄色。

分布：黑龙江、吉林、辽宁、陕西、甘肃、宁夏、新疆、内蒙古、北京、天津、河北、山西、山东、江苏、浙江、江西、湖北、湖南；日本、朝鲜、蒙古、俄罗斯、伊朗、阿富汗、哈萨克斯坦，欧洲、北美等也有分布。

防治对象：可捕食苜蓿斑蚜棉蚜、槐蚜、麦二叉蚜、麦长管蚜、禾谷缢管蚜等多种蚜虫，以及褐飞虱、灰飞虱等。

图220　十三星瓢虫成虫（左）　　　图221　十三星瓢虫幼虫（右）

4. 十一星瓢虫 *Coccinella undecimpunctata* (Linnaeus), 1758

异名： *Coccinella weisei* (Rybakov)。

形态特征： 成虫体长 3.5~5.5mm。头黑色，内侧具一对白色额斑。前胸背板黑色，前角有三角形白色斑，常常变细伸向后角，有时几乎整个侧缘白色，前胸背板侧缘基半部黑色。小盾片黑色。鞘翅红黄色至红色，在小盾片两侧有三角形白斑（有时不明显），鞘翅上共有 11 个黑斑，呈 1½–2–2 排列，小盾斑圆形，肩胛上的黑斑最小，鞘翅外缘 1/3 和 2/3 处各有 1 个黑斑，前斑大于后斑，鞘翅中部略前近鞘

图 222　十一星瓢虫

缝处有较大的黑色横斑，鞘翅 3/4 处有 1 个小黑斑；鞘翅上的斑纹可以相连，甚至消失，多变化。

分布： 陕西、宁夏、甘肃、新疆、河北、山西、山东；俄罗斯至欧洲至北非，北美、澳大利亚和新西兰（自然扩散和引进）。

防治对象： 捕食 10 多种蚜虫。

5. 横斑瓢虫 *Coccinella transversoguttata* Faldermann, 1835

异名： 孪斑瓢虫 *Coccinella geminopunctata* Liu。

形态特征： 成虫体长 5.1~7.3mm。头黑色，额斑较大，接近复眼。前胸背板黑色，前胸的白斑近于方形，较大，伸达约过背板的 1/2，雄虫的前缘白色，因而两前角斑相连。红色的鞘翅上具 11 个黑斑，呈 1½–2–2 排列；在典型个体中，小盾斑与肩斑相连，因此在鞘翅的基部组成一个横斑；有时第 2、3 排的 2 个斑各自相连。中胸后侧片白色，

图 223　横斑瓢虫成虫（左）

图 224　横斑瓢虫成虫（右）

后胸后侧片多为白色。

分布：黑龙江、内蒙古、陕西、甘肃、新疆、青海、河北、山西、河南、四川、云南、西藏；俄罗斯、蒙古、中亚、北美。

防治对象：豆无网长管蚜、萝卜蚜、麦蚜、华山松球蚜等。

6. 七星瓢虫 *Coccinella septempunctata* (Liunaeus), 1758

图 225　七星瓢虫成虫（左）　　　图 226　七星瓢虫幼虫（右）

形态特征：成虫体长 5.2~7.2mm。头黑色，额部具 2 个白色小斑，或扩大与白色的复眼内突相连。前胸背板黑色，两前角上各有 1 个近于四边形白斑。鞘翅黄色、橙红色至红色，两鞘翅上共有 7 个黑斑。小盾片黑色，两侧各有 1 个近于三角形的白斑；鞘翅上的黑斑可缩小，部分斑点消失，或斑纹扩大，有时所有斑纹相连、扩大，仅侧缘红色。前胸背板缘折仅前缘白色，中胸后侧片白色，而后胸后侧片黑色，腹面其他部分及足黑色。

分布：除海南、香港外，其他省区均有分布；古北区，东南亚，印度，新西兰和北美（引进）。

防治对象：苜蓿斑蚜、麦长管蚜、大豆无网长管蚜、棉蚜、玉米蚜等。

7. 二星瓢虫 *Adalia bipunctata* (Linnaeus), 1758

异　名：*Adaliafasciatopunctata* Fald.、*Adalia lenticula* Gorham。

形态特征：成虫体长 4.5~5.3mm。斑纹多变。头黑色，两复眼内侧各有 1 个近

图 227　二星瓢虫成虫红色型（左）

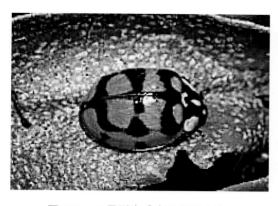

图 228　二星瓢虫成虫黑色型（中）　　　　图 229　二星瓢虫幼虫（右）

半圆形的小白斑。前胸背板斑纹多变，或白色具 1 个 M 形黑斑，或黑斑扩大，只剩前侧角白色，或黑斑缩小，呈 1 个"八"字形黑斑，或只剩 2 个黑斑。有时白色部分变成褐红色，与鞘翅同色。本种鞘翅斑纹多变，典型的二星型鞘翅红色，翅中部各具 1 个黑斑。或鞘翅具 3 列黑斑，呈 2½–3–2 排列，斑纹或融合，或消失；黑色型的鞘翅底色为黑色，具红色斑纹，鞘翅上具 6 个、4 个或 2 个红斑，或黑色区域扩大，仅剩鞘翅基部侧缘红色。

分布：黑龙江、吉林、辽宁、新疆、宁夏、甘肃、陕西、北京、河北、山西、河南、山东、江苏、浙江、江西、福建、四川、云南、西藏；亚洲、欧洲、非洲北部和中部，引入北美、澳洲及南美。

防治对象：蚜虫、蚧虫、木虱等。

8. 横带瓢虫 *Coccinella trifasciata* (Linnaeus), 1758

形态特征：成虫体长 4.4~4.9mm。头部、复眼黑色，两个方形白色额斑靠近复眼内侧，并向下延伸与白色的复眼内突相连，雄虫的两个额斑相连。前胸背板黑色，前角各有 1 个近三角形白斑，雄虫的前缘白色，因而 2 个白斑相连。鞘翅褐黄色或橙红色。小盾片黑色，两侧有白色的横带伸向肩胛，鞘翅上各有 3 条平行的黑色横斑，基部 1 条伸达小盾片与另一鞘翅上的斑相连，有时各条斑的外缘具明显的黄色边缘。腹面黑色，中胸、后胸后侧片黄白色。

图 230　横带瓢虫

分布：黑龙江、陕西、甘肃、青海、宁夏、新疆、内蒙古、河北、四川、西藏；蒙古，俄罗斯，北美。

防治对象： 豆无网长管蚜、麦蚜、桃蚜等。

9. 中国双七瓢虫 *Coccinula sinensis* (Weise), 1889

图 231　中国双七瓢虫成虫
（左）

图 232　中国双七瓢虫幼虫
（右）

异名： *Coccinula quatuordecimpustulata* Sasaji，1971；虞国跃，2008（nec. Linnaeus, 1758）

形态特征： 成虫体长 3.0~4.2mm。头白色或黄棕色，仅头顶黑色（雄性），或头部黑色，仅在复眼附近具白斑或黄棕斑。前胸背板黑色，前角及前缘白色或黄棕色。小盾片黑色。鞘翅黑色，各有 7 个白色或黄棕色斑，呈 2-2-2-1 排列，即鞘翅基缘和外缘有 5 个斑，各斑均与边缘相接，鞘翅中部近鞘缝有 2 个斑，明显的横向长形，不与鞘缝相接。

分布： 黑龙江、吉林、辽宁、内蒙古、甘肃、宁夏、陕西、北京、河北、山西、河南、山东、江西、四川；日本、朝鲜半岛、俄罗斯远东、蒙古。

防治对象： 麦蚜、棉蚜、玉米蚜。

10. 龟纹瓢虫 *Propylaea japonica* (Thunberg), 1781

形态特征： 成虫体长 3.5~4.7mm。头白色或黄白色，头顶黑色，雌性额中部具 1 个黑斑，有时较大而与黑色的头顶相连，雄性无此黑斑。前胸背板中基部具 1 个大型黑斑，黑斑的两侧中央常向外凸出，有时黑斑扩大，侧缘及前缘浅色，通常雌性

图 233　龟纹瓢虫成虫

图234　龟纹瓢虫成虫

图235　龟纹瓢虫幼虫

的黑斑较大。小盾片黑色。鞘翅黄色、黄白色或橙红色，侧缘半透明，鞘缝黑色，在距鞘缝基部1/3、2/3及5/6处各有向外侧延伸的方形和齿形黑斑，另在鞘翅的肩部具斜置的近三角形或长形黑斑，中部有1个斜置的方形斑，独立或下端与距鞘缝2/3处伸出的黑色部分相连。鞘翅斑纹多变，黑斑扩大相连，甚至鞘翅大部黑色，仅小盾片外侧具或大或小的黄白斑和浅色的外缘，或黑斑缩小，鞘翅只剩前后2个小黑斑，或只有肩角处具1个小黑斑，或无斑纹，只有黑色的鞘缝。腹面前胸背板和鞘翅缘折黄褐色，中后胸后侧片白色，腹板黑色，但两侧黄褐色，腹板第6节（有时第5节后缘）黄褐色。

分布：黑龙江、吉林、辽宁、新疆、甘肃、宁夏、陕西、内蒙古、北京、河北、河南、山东、江苏、上海、浙江、江西、福建、台湾、湖南、湖北、广东、广西、四川、贵州、云南；日本、俄罗斯、朝鲜、越南、不丹、印度。

防治对象：豌豆无网长管蚜、大豆无网长管蚜、棉蚜、萝卜蚜、桃蚜、麦长管蚜、叶蝉、飞虱等。

11. 红肩瓢虫 *Harmonia dimidiata* (Fabricius), 1781

形态特征：成虫体长6.6~9.4mm。前胸背板黄褐色，基部具2个黑斑，通常相连。小盾片黑色。鞘翅橙黄色至橘红色，上有13个黑斑，每一鞘翅上呈1-3-2-½排列，第2排的外斑横向，与鞘翅的侧缘相连；端斑位于鞘翅末端鞘缝上，呈梨形，几达翅的端缘。鞘翅上的斑点可缩小、变少，甚至无斑点，或斑纹扩大，甚至相连，成点肩型，即鞘翅后半部的黑色

图236　红肩瓢虫

斑纹扩大并相连，鞘翅大部分黑色，仅留红色的肩部，肩角外常常还有1个小黑斑，肩角处的黑色斑点也可消失。

分布：福建、台湾、湖南、广东、广西、四川、贵州、云南、西藏；尼泊尔、印度、印度尼西亚、美国（引进）。

防治对象：麦蚜、伪菜蚜、木虱等。

12. 展缘异点瓢虫 *Anisosticta kobensis* (Lewis), 1896

图 237　展缘异点瓢虫

异名：十九星瓢虫 *Anisosticta novemdecimpunctata*　刘崇乐，1963（nec. Linnaeus, 1758）

形态特征：成虫体长3.8~4.1mm。体黄白色至深黄色，头基部具2个黑斑，相连。前胸背板具6个小黑斑，排成前后2列，有时两侧的斑纹变小或消失。鞘翅上共有19个黑斑，其中位于小盾片处的构成缝斑，有时鞘翅上的斑纹会消失。腹面黑色，但鞘翅缘折及腹面外缘黄色或黄棕色，有时腹板除基部外为黄棕色。雌性第6腹板后缘中央明显内凹，呈倒"U"字形，达腹板长的4/5。雄性第6腹板后缘中央内凹，呈很宽浅的倒"V"字形。

分布：黑龙江、陕西、内蒙古、北京、天津、河北、河南、山东、江苏、浙江；日本、朝鲜、俄罗斯远东。

防治对象：蚜虫、玉米螟的卵等。

13. 菱斑巧瓢虫 *Oenopia conglobata* (Linnaeus), 1758

图 238　菱斑巧瓢虫成虫

图 239　菱斑巧瓢虫幼虫

形态特征：成虫体长 3.5~5.4mm。体背面基色淡黄褐色或淡桃红色。头顶具 2 个基部相连的三角形黑斑。前胸背板具 7 个黑色或红褐色斑，前排 4 个，位于背板中部；后排 3 个，位于基部，两侧的 2 个常与基部相连。小盾片黑色。鞘缝黑色，斑纹多变，典型的特征是每一鞘翅上具 8 个黑色或红褐色斑，呈 2-2-1-2-1 排列，有时斑点扩大、相连等，偶尔可见鞘翅几乎全黑的个体。腹面黑色，但前胸背板缘、鞘翅缘折黄褐色，有时腹端及两侧浅色，中胸后侧片黄白色。足黄褐色。

分布：新疆、甘肃、陕西、宁夏、内蒙古、北京、河北、山西、山东、福建、四川、西藏；蒙古、中亚、细亚、俄罗斯、西欧至北非、印度、引入北美。

防治对象：蚜虫、榆蓝叶甲的卵等。

14. 黑襟毛瓢虫 *Scymnus* (*Neopullus*) *hoffmanni* Weise, 1879

形态特征：成虫体长 1.7~2.1mm。体卵形，披浅黄色毛。头黄棕色至红棕色。前胸背板棕色，基部具一个黑色，此黑斑可扩大，只剩前角棕色。鞘翅棕色，斑纹多变，最浅的是鞘缝处具黑纵条，伸达鞘翅长的 5/6，或斑纹扩大，鞘翅的基部亦为黑色，或鞘翅的侧缘为黑色，每一鞘翅的中部具 1 条棕色纵条。

图 240　黑襟毛瓢虫

分布：吉林、辽宁、陕西、北京、河北、河南、山东、浙江、福建、台湾、香港、广西、云南；日本、朝鲜。

防治对象：棉蚜、蚜虫、叶螨。

15. 直角通缘步甲 *Pterostichus gebleri* (Dejean), 1831

形态特征：成虫体长 13.0~14.0mm。体背面头、胸、足黑色；鞘翅赤褐色。头顶、额区覆密刻点，触角粗短，基部 3 节黑亮，余节覆灰绒毛。前胸漆黑光亮，侧缘前半段稍凸弧，后半段直，赤褐色，前缘微凹，后缘直，前角深钝，后角直。鞘翅稍宽于前胸，长卵形，最宽处位于翅端 1/3 处，刻点沟列规整，行距平坦，第 3 行距有孔点 4~8 个，第 8 行距基部刻点呈棱状。

图 241　直角通缘步甲

分布：辽宁、吉林、黑龙江、华北、西北、河南、四川、云南；俄罗斯。

防治对象：地老虎、草地螟、蝇类幼虫及多种昆虫。

16. 中华星步甲 *Calosoma chinensis* Kirby, 1818

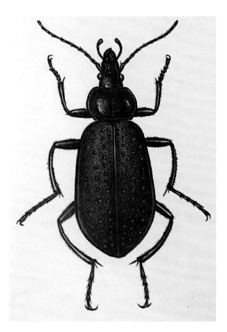

图 242 中华星步甲
（引自《四川农业害虫天敌图鉴》）

形态特征：成虫体长 26.0~35.0mm，宽 9.0~12.5mm。体背多黑色，带铜或古铜色光泽；足黑色。头密布细刻点；额沟较长，其侧具纵褶皱；口须端部平截。触角丝状，11 节，基部 4 节光裸，余节密被短绒毛。前胸背板宽大于长，盘区密布皱状刻点，侧缘弧形上翘，后角向后延伸钝圆，基凹较长。鞘翅长方形，两侧近平行，每侧有 3 行金色或金绿色的圆形星点。腹末端节有纵皱纹。雄虫前足跗节基部 3 节膨大，中、后胫节弯曲。

分布：辽宁、吉林、黑龙江、华北、华东（不含台湾）、河南、华中、西北（不含新疆）、广东、广西、云南、四川；朝鲜半岛、蒙古、俄罗斯。

防治对象：黏虫、地老虎等鳞翅目幼虫及蛴螬。

17. 短翅伪葬步甲 *Pseudotaphoxenus brevipennis* (Semonov), 1889

图 243 短翅伪葬步甲

形态特征：体长 28-32 mm，黑色，体短而厚实，背面微凸；雄性略具金属光泽，雌性无光泽。

头部宽阔，眼后较短，颈部收缩变窄；复眼略凸起；触角纤细，延伸至前胸背板基部，端部暗棕色；上颚腹面粗糙，表面具浅纹；唇须棕红色。

前胸背板横宽，基部略收缩变窄，侧缘端部 2/3 向外弓形弯曲，基半部 1/3 较直，后角近直角，后缘向内略弯曲。盘区光滑，刻点少基部缝大而深，具有明显皱纹。

鞘翅短卵圆形，稍凸起，略长于腹部；前翅刻点稠密连接成条纹状。足腿节粗壮，中足及后足胫节直；前足胫节内侧凹陷，端部有一簇刚毛。雄性前足跗节宽，且具有小齿，第 1-3 跗节具分泌黏性物质的泡。雌性正常。

分布：内蒙古、宁夏等地区。

防治对象：鳞翅目害虫幼虫。

18. 刘氏三角步甲（铜胸短角步甲）*Trigonotoma lewisii* Bates, 1873

形态特征：成虫体长 17mm 左右，宽 6mm，黑色。头和前胸背板铜绿色或赤铜色，有强金属光泽。头部光滑，额沟深。复眼微凸出。触角、上唇和上颚黑褐色。触角第 1 节粗大，第 4 节以上多毛。上唇前缘弧形凹入，唇基弓形。下颚须和下唇须赤褐色，下唇须末节强烈斧形。前胸背板光滑无毛，最宽处在中部稍后方，两侧缘的边缘厚而宽，略上翻，中央纵沟明显，两侧近后缘有洼凹。鞘翅蓝黑色，有金属光泽，刻点沟较深，沟间光滑，微隆起。胸部腹面光亮，有粗大刻点。

分布：酉阳、泸县、成都、射洪、荥阳、甘孜。

防治对象：鳞翅目害虫幼虫。

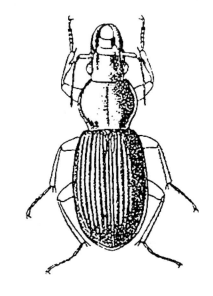

图 244　刘氏三角步甲
（引自《福建昆虫志》第六卷）

19. 赤背步甲 *Calathus halensis* Schaller

形态特征：成虫体长 17.5~20mm。头扁平光亮，黑色或黄褐色，触角、口须、足均为黄褐色，鞘翅中央三角斑赤色或黄褐色。眼凸出，其间有 1 对红色圆形斑纹隐约可见。基部 3 节光滑，第 4~11 节被黄褐色短毛。上颚宽短，端部尖锐弯曲。额须及唇须细长，末节端部平截。前胸背板近方形，黑色或红褐色，侧缘区广，色较淡，略上翻，中央前方有 1 对刚毛，前缘角稍凸出，后缘角圆钝。鞘翅略呈长方形，黑色或棕褐色，两鞘翅中央常有红色或黄褐色大型长三角形斑。翅缘在近缝处弯入。每一鞘翅除小盾沟外，各有 9 条纵沟，沟间较平坦，密布小刻点。爪具齿；雄虫前跗节基部 3 节略膨大，腹面有黏毛。

分布：重庆、古蔺、泸县、岳池、射洪、成

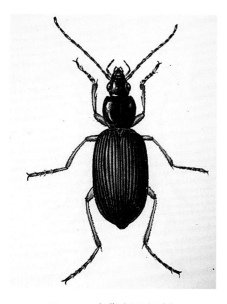

图 245　赤背步甲（引自《四川农业害虫天敌图册》）

图 246　毛婪步甲
（引自《中山市五桂山昆虫彩色图鉴》）

防治对象： 白蚁。

都、灌县、荥经、炉霍、甘孜。

防治对象： 黏虫、夜蛾科幼虫。

20. 毛婪步甲 *Harpalus griseus* (Panzer), 1797

形态特征： 成虫体长 9.0~12.0mm，宽 3.5~4.5mm。体多黑色；触角、口器、唇基前缘、前胸背板基缘与侧缘、足为棕黄色。头及前胸背板有光泽；前胸背板基部及鞘翅被淡黄色毛。头部光洁。触角基部 2 节光洁，余节密被细毛。前胸背板宽大于长，中间前最宽，前缘弧凹，后缘近平直，后角钝，中纵沟细，不达后缘，基凹浅宽，背板后缘密布刻点。每鞘翅具 9 行纵沟，行距平，密布刻点。前跗节基部 3 节扩大。

分布： 辽宁、吉林、黑龙江、华北、河南、华中、华东、西南、西北；欧洲、亚洲西部、东亚、北非。

21. 中华虎甲 *Cicindela chinensis* DeGeer, 1758

形态特征： 成虫体长 17~22mm，宽 7~9mm。头、胸、足和腹部面具强烈的金属光泽。头和前胸背板后缘绿色，前胸背板中部金红色带绿色。

上颚基半部背面蜡黄色，上唇蜡黄色，周缘黑色，中央有 1 条黑纵纹，前缘弧形有 6~7 个小齿，亚前缘具 6 根黄色长毛。下唇须黑色，触角 1~4 节蓝黑色有光泽，其余各节暗褐色密生短毛。头背面前半部有纵刻条纹，后半部与前胸背板有不规则皱纹。鞘翅底色深蓝色，无光泽，基部、端部、侧缘、翅缝和基部 1/4 横带翠绿色，有时翅缝和翅基还带金红色。翅基侧部的 1 处小斑、端部 1/5 处较大的近似圆形斑、中部靠端部 1 个两端粗中间细的斜向横条斑均蜡黄色。足蓝黑色，有绿色金属光泽。下唇须第 2 节、胸部侧板和腹部足基节和腿节均密生白毛。

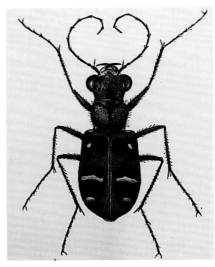

图 247　中华虎甲
（引自《烟草病虫害防治彩色图志》）

雌虫腹部6节，末节腹面有1条短纵沟，后缘中部向后弓形凸出。雄虫腹部7节，第6节腹面后缘中部向前凹入，呈三角缺刻状。

分布：甘肃、河北、山东、江苏、浙江、江西、福建、四川、湖北、广东、广西、云南、上海、安徽。

防治对象：蝗虫、蚂蚱、蝼蛄、蟋蟀、红蜘蛛等，以及各种害虫的低龄幼虫、较大的卵块或蛹等。

22. 多型虎甲铜翅亚种 *Cicindela hybridatransbaicalica* Motschulsky

形态特征：成虫体长约12mm，宽约5.0mm。体背铜色具紫色或绿色光泽。复眼大而凸出。上唇横宽，前缘中央的尖齿较小。触角丝状，11节。鞘翅的基部和端部各有1个弧形斑，有时基斑还分裂为2个逗点形斑；中部还有1个波曲的横斑。体腹面蓝紫色或蓝绿色，具强烈金属光泽和密粗长白毛。

分布：辽宁、新疆、甘肃、内蒙古、河北、辽宁、陕西、江苏。

防治对象：蝗虫、蚂蚱、蝼蛄、蟋蟀、红蜘蛛等，以及各种害虫的低龄幼虫、较大的卵块或蛹等。

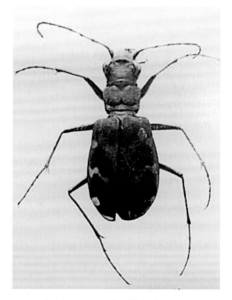

图248 多型虎甲铜翅亚种
（引自《辽宁甲虫原色图鉴》）

23. 多型虎甲红翅亚种 *Cicindela hybrida nitida* Lichtenstein

形态特征：与多型虎甲铜翅亚种是同种的不同亚种，形态特征相似，不同处在于：本种体型稍大，成虫体长15.5~18.0mm，宽6.5~7.5mm；鞘翅的颜色紫红色，具金属光泽；上唇中部向前凸出明显，前缘中央的尖齿略大于前种。

分布：辽宁、吉林、黑龙江、河北、山西、甘肃、新疆、内蒙古、江苏、安徽；俄罗斯。

防治对象：捕食多种害虫。

图249 多型虎甲红翅亚种
（引自《辽宁甲虫原色图鉴》）

图 250　黑负葬甲
（引自《辽宁甲虫原色图鉴》）

24. 黑负葬甲 *Nicrophorus concolor* Kraatz，1877

形态特征：成虫体长 31.0~45.0mm。体黑色，狭长，后方略膨阔。触角末 3 节橙色，余黑色。前胸背板宽大于长，中央明显隆起，边沿宽平呈帽状。小盾片大三角形。鞘翅平滑，纵肋几不可辨，后部近 1/3 处微向下弯折呈坡形，后足胫节弯曲较显，后半部明显扩大。雄虫前足 1~4 跗节向两侧扩大。

分布：辽宁、吉林、黑龙江、华北、华东、河南、华中、华南、宁夏、西南（不含贵州）；朝鲜半岛、日本。

防治对象：昆虫尸体。

25. 中华草蛉 *Chrysoperla sinica* (Tjeder)，1936

形态特征：成虫体长 9~10mm，前翅长 13~14mm，后翅长 11~12mm。体黄绿色。头部淡黄色，颊和唇基两侧各有 1 条黑斑，黑斑上下相连或不明显，下颚须及下唇须暗黄色，触角比前翅短，灰黄色，基部 2 节与头色相同。

胸部和腹部背面两侧淡绿色，中央有黄色纵带。翅透明，较窄，端部尖，翅痣黄白色，翅脉黄绿色，前缘横脉的下端、径干脉和径横脉的基部以及内外两组阶脉

图 251　中华草蛉（引自中国农业有害生物信息系统：http://www.agripests.cn/index.asp）

均为黑色，翅基部的横脉也多为黑色，翅脉上具黑色短毛。

分布：黑龙江、吉林、辽宁、河北、北京、陕西、山西、山东、河南、湖北、湖南、四川、江苏、江西、安徽、上海、广东、云南。

防治对象：棉铃虫、棉红蜘蛛、蚜虫、叶螨、叶蝉。

26. 丽草蛉 *Chrysopa formosa* Brauer，1850

形态特征：成虫体长 9~11mm，前翅长 13~15mm，后翅长 11~13mm。体绿色。

头部有小黑斑9个，头顶2个，触角间1个，触角窝前缘各1个呈新月形，颊和唇基两侧各1个呈线状，下颚须及下唇须均黑色，触角短于前翅，黄褐色，第2节黑褐色。

前胸背板长略大于宽，中部有1横沟，横沟两侧前后各有1个褐斑，中胸、后胸背面也有褐斑，但不显著，足绿色，胫节及跗节黄褐色。

腹部绿色，密生黄毛。腹部腹面则多黑色。翅透明，翅端较圆，翅痣黄绿色，

图252　丽草蛉（引自《沈阳昆虫原色图鉴》）

前后翅的前缘横脉列及径横脉列下端为黑色，前翅基部上述横脉也为黑色，所有阶横脉均为绿色，翅脉上具黑色。

分布： 黑龙江、辽宁、吉林、北京、河北、山东、山西、河南、湖北、天津、甘肃、新疆、上海、四川、陕西。

防治对象： 蚜虫，鳞翅目的卵和幼虫。

27. 大草蛉 *Chrysopa pallens* (Rambur), 1838

形态特征： 成虫体长13~15mm，前翅长17~18mm，后翅长15~16mm。体黄绿色。头部黄绿色，有黑斑2~7个，常见的多为4或5斑者，4斑者在唇基两侧各有1条状斑，触角下各有1个矩形或近圆形斑；5斑者除有上述黑斑外，在触角窝间有1小黑斑；7斑者两颊还各有1斑；2斑者只剩下2个黑斑；触角黄褐色，基部两节黄绿色，短于前翅，下颚须及下唇须均黄褐色。

胸部背面中间有1条明显的黄色纵带；足黄绿色，跗节黄褐色。

腹部绿色，密生黄色短毛。翅透明，翅端较尖，翅痣黄绿色，多横脉，翅脉大部分黄绿色，但前翅前缘横脉列及翅后缘基半部的脉多为黑色，两组阶脉的中央黑色，两端绿色，后翅仅前缘横脉及径横脉的大半段黑色，后缘各脉均为绿色，阶脉与前翅相同，翅脉上多黑毛，翅缘的毛多为黄色。

图253　大草蛉（引自《沈阳昆虫原色图鉴》）

分布： 黑龙江、吉林、辽宁、河北、

北京、河南、新疆、陕西、山西、甘肃、山东、湖北、湖南、四川、上海、安徽、江西、福建、广东、广西。

防治对象：叶螨、蚜虫。

28. 普通草蛉 *Chrysopa camea* (Stephens), 1836

图 254 普通草蛉
（引自《山楂病虫害诊治原色图鉴》）

形态特征：成虫体长 10mm 左右，前翅长 12mm 左右，后翅长 11mm 左右。体黄绿色。触角比前翅短，第一节与第二节同色，头部两侧的颊斑和唇基斑多相连。前翅径中横脉连在内中室的上边，翅脉全部为绿色。胸部和腹部背中央的纵带黄白色。

分布：新疆、河南、山东、陕西、上海、云南。

防治对象：蚜虫、介壳虫、木虱、叶蝉、红蜘蛛，以及鳞翅的幼虫及卵等。

29. 叶色草蛉 *Chrysopa phyllochroma* Wesmael，1841

形态特征：成虫体长 11mm，翅展 25mm 左右，体绿色。头部具 9 个黑色斑点，头顶 1 对，触角间 1 个，触角下方 1 对，颊 1 对，唇基 1 对，下颚须和下唇须黑色，触角黄色，第 2 节黑色。翅绿色，透明，前翅、后翅的前缘横脉列只有靠近亚前缘脉一端为黑色，其余均为绿色。

分布：陕西、新疆、宁夏、河南。
防治对象：棉蚜，棉铃虫的卵。

图 255 叶色草蛉
（引自中国农业有害生物信息系统：
http://www.agripests.cn/index.asp）

30. 蚜虫跳小蜂 *Syrphophagus aphidivorus* (Mayr), 1876

形态特征：成虫雌蜂体长 1mm 左右。体褐黑色，触角褐色，胫节末端及跗节黄色。头胸及腹脊有蓝色反光，腹背带紫色。头横形，单眼排列成等边三角形。颊与复眼直径等长，触角着生于口缘，柄节细长，梗节显著长于第一索节，索节由基部向端部逐渐膨大，1~3 节小，念球状，其余显著膨大，棒节 4 节，中部膨大，卵圆形，等于 3~6 索节合并之长。缘脉长为宽之 2 倍，略长于肘脉，后缘脉甚短。小盾片略长于中胸盾

片，稍膨起，末端圆。中足胫节之距与第
1 跗节等长，腹短于胸。

分布：上海、江西、浙江、四川、广东、河南、山东、河北、黑龙江。

防治对象：蚜虫，鳞翅目昆虫。

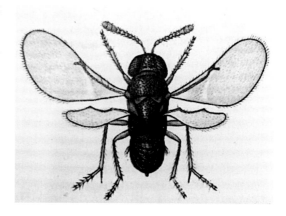

图 256　蚜虫跳小蜂
（引自《四川农业害虫天敌图册》）

31. 黑点食蚜盲蝽 *Deraecoris punctulatus* (Fallén), 1807

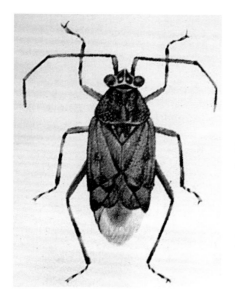

图 257　黑点食蚜盲蝽
（引自《天敌昆虫图册》）

形态特征：成虫体长约 5mm，全体大致黑褐色。触角比身体短，第 2 节长，第 3、4 节明显短而细。前胸背板具粗糙黑色小刻点，除中线及周缘黄褐色外，余为黑色，有光泽，胝黑色显著，环状颈片淡黄色。小盾片 3 个顶角色淡中央黑色，呈倒"V"字形，或中央有淡色纹。前翅具刻点，爪片端部、革片中央和端部外缘与楔片交界处以及楔片顶角各有 1 个黑色大斑点，为其显著特征，膜片透明。腹部黑色。

分布：湖北、四川、江苏、安徽、河南、山东、山西、天津、河北、辽宁。

防治对象：蚜虫。

32. 华姬猎蝽 *Nabis sinoferus* (Hsiao), 1964

形态特征：成虫体长约 8.7mm，腹宽约 2.2mm，体长不大于腹宽的 4 倍。头顶中央有很小的黑斑，有时不明显；触角第 1 节较长，长于头宽，颜色较浅，草黄色。前足腿节粗短，长小于宽的 5 倍。前翅革片的 3 个斑点常不清楚，无不规则小点。腹部腹面色浅。

分布：河北、河南、山西、甘肃、福建、广东。

防治对象：蚜虫、叶蝉、稻飞虱、蓟马。

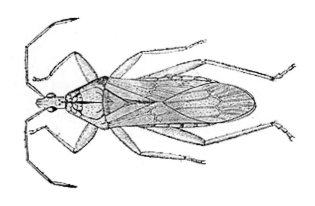

图 258 华姬猎蝽

（引自中国农业有害生物信息系统：http://www.
agripests.cn/index.asp）

33. 暗色姬蝽 *Nabis (Nabis) stenoferus* (Hsiao)，1964

形态特征：成虫体长约 7.8mm，腹宽约
1.55mm，体长不超过腹宽的 5 倍。体大致灰黄色。

触角第 1 节短于头长，第 2 节约等于前胸背板
的宽度。前翅远超过腹部末端。头顶中央的纵带、
两眼前后的斑点、前胸背板纵纹、前叶两侧云形
纹，均为黑色。前翅革片端部的 2 个斑点、膜片基
部的 1 个斑点、腹部腹面中央及两侧纵纹、各腿节
的斑点和前足和中足腿节的横纹褐色或黑色。上述
颜色的深浅、斑纹的大小显著程度往往有变异。前
足腿节较细，长为宽的 7 倍。雄虫色较浅，头顶中
央无纵纹或不显著；抱器窄长，内缘中央弯曲。

图 259 暗色姬蝽
（引自《沈阳昆虫原色图鉴》）

分布：河北、河南、江苏、浙江、福建、
广东。

防治对象：蚜虫、叶蝉、稻飞虱、蓟马。

34. 南普猎蝽 *Oncocephalus philppinus* Lethierry，1877

形态特征：成虫体长 13.5~14mm。体暗褐色。头向前平伸，中央具 2 条纵走深褐
色带纹；触角 4 节，第 2 节最长，第 1 节近基部 1/3 黄色，端部 2/3 褐色，第 2 节褐

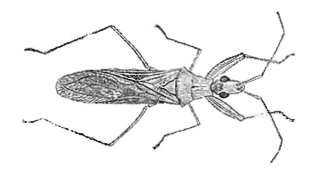

图 260 南普猎蝽（引自中国农业有害生物信息系
统：http://www.agripests.cn/index.asp）

色，第 3、4 节黑褐色；复眼黑色表面光滑无毛，单眼着生于头后部黑褐色瘤状凸起
外侧。

前胸背板具 8 条纵纹，前胸背板侧角雌虫圆形，雄虫方形，侧缘中央有 1 个显著的
凸起；小盾片端刺较长并向上翘起；前足胫节中央有 1 个黑色环纹，腿节内侧有 9~10
个小刺；前翅达腹部末端，膜质区外室有褐色斑纹。

分布：浙江、湖北、四川、福建、广东、广西、云南。

防治对象：稻飞虱、稻叶蝉、棉蚜、棉铃虫。

35. 小花蝽 *Orius minutus* (Linnaeus), 1758

形态特征：成虫体长约 2mm，淡褐色至暗褐
色，全身具微毛，背面布满刻点。

头部、前胸背板、小盾片及腹部黑褐或黑色。
头短宽，中、侧叶等长，中叶较宽；触角 4 节淡
黄褐色，有时第 1 节及末节色略深，复眼黑色，
单眼 1 对红色，喙短不达中胸。

前胸背板中部有凹陷，后缘中间向前弯曲，小
盾片中间有横陷。前翅革片黄褐色，膜片无色半透
明，有的具烟色云雾斑。足淡黄褐色，腿节常呈黑
褐色。

分布：北京、河南、湖北、上海。

防治对象：蚜虫、叶螨、蓟马、木虱、红蜘
蛛，以及红铃虫、造桥虫、棉铃虫的卵和幼虫。

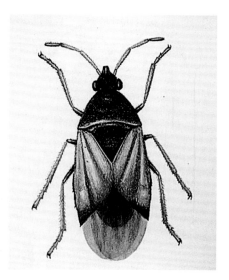

图 261 小花蝽
（引自《四川农业害虫天敌图册》）

36. 凹带食蚜蝇 *Metasyrphus nitens* (Zetterstedt), 1843

形态特征：成虫体长 10~11mm。颜黄色，口缘及颜中突黑色，触角颜色变异大，一般棕褐色，仅第 3 节基部腹面棕黄色，有时全部棕褐色。

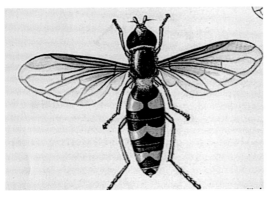

中胸盾片蓝黑色，被黄毛。小盾片黄色，大部具黑毛边缘有黄毛。

腹部黑色，第 2 腹节背板有横置的黄斑 1 对，第 3、4 节背板各有 1 条黄横带，其后缘正中凹入，两侧前缘稍凹入；第 4、5 节背板后缘有黄色边，第 5 节背板两侧边缘及前缘角黄色，第 2~4 节背板黄斑的两端不超过背板侧缘，或仅外缘前角达侧缘。

图 262　凹带食蚜蝇
（引自《四川农业害虫天敌图册》）

分布：北京、吉林、河北、甘肃、浙江、江西、湖北、云南、内蒙古、陕西。

防治对象：麦蚜、棉蚜、烟蚜等。

37. 大灰食蚜蝇 *Metasyrphus corollae* Fabricius, 1794

形态特征：成虫体长 9~10mm。

复眼表面光滑无毛，额、颜棕黄色，颜中突棕色，颜毛棕黄色，额毛黑色。

中胸盾片黑绿色，两侧棕黄色。小盾片棕黄色，密生同色毛，有时混以极少数黑毛。足基节，转节及腿节基半部黑色，端半部、胫节及第 1 跗小节棕黄色，第 2~4 跗小节淡黑色，第 5 跗小节棕黄色。

腹部黑色有光泽，第 2~4 节背板各有 1 对大形黄斑，第 2 背板黄斑的外缘前角超过背板边缘；雄虫第 3、4 节黄斑中间

图 263　大灰食蚜蝇
（引自《四川农业害虫天敌图册》）

一般连接，雌虫两斑中间分开；第 5 背板雄虫大部黄色，雌虫大部黑色。

分布：湖北、北京、河北、甘肃、上海、江苏、浙江、福建、云南、辽宁、山西。

防治对象：棉蚜、棉长管蚜、豆无网长管蚜、桃蚜等。

38.短翅细腹食蚜蝇 *Sphaerophoria scripta* **(Linnaeus), 1758**

形态特征：成虫体细长，长8~12mm。

头部黄色；单眼三角区黑色；雌额条斑黑色，长直达触角基部。

中胸盾片黑色，前后肩胛两侧边缘及小盾片黄色，毛同色。

腹部极细长，远超过翅长，腹长为宽的4~6倍；腹面黄色，背面黑色，第2~4节背板中部生有黄色宽横带；雌虫第5节背板两侧各有1黄斑，使之呈黑色倒"T"字形；第6节大部黄色，具3个小黑斑；雄虫第5背板黄斑形状变异大，有时微呈雁飞状，有时整个背板黄色，只有几个小黑点。

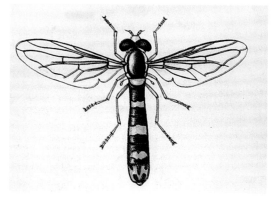

图264　短翅细腹食蚜蝇
（引自《四川农业害虫天敌图册》）

分布：陕西、甘肃、新疆、四川、云南。

防治对象：棉蚜、麦蚜。

39.黑带食蚜蝇 *Syrphus balteatus* **(De Geer), 1776**

形态特征：成虫体长8~11mm。

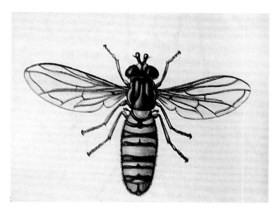

图265　黑带食蚜蝇
（引自《四川农业害虫天敌图册》）

头部除单眼三角区棕褐色外，其余为棕黄色，额毛黑色，颜毛黄色；雌虫额正中有1条黑色纵带。

中胸盾片灰绿色，有4条明亮的黑色纵条，中间2条较窄，外侧2条较宽，达盾片后缘，小盾片黄色，周围边缘的毛同色，背面的毛黑色。

腹部棕黄色，具黑色横斑；第1腹节背板黑绿色。第2、3节背板后缘及第4节背板后缘处各有1黑色横带，第2节背板前缘正中向后至中部有1个分叉的黑斑，有时此斑在背板中央形成1条短黑带，黑带两端尖，中间不与背板前缘相连；第3、4背板近前缘处各有1条较窄的黑色横带，有时自中间分离并缩短；第5节背板上具黑色"I"字形斑纹，有时呈其他状或消失。

分布：湖北、上海、江苏、浙江、江西、广西、云南、河北、北京、黑龙江、内蒙古、辽宁、西藏、广东、福建。

防治对象：棉蚜及其他蚜虫。

40. 月斑鼓额食蚜蝇 *Lasiopticus selenitica* (Meigen), 1972

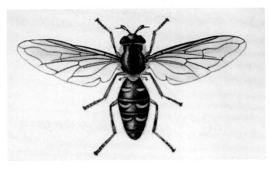

图 266　月斑鼓额食蚜蝇
（引自《四川农业害虫天敌图册》）

形态特征：雌虫：体长 12~13.5mm，翅长 10.5~11mm。复眼被淡色毛。头顶约为头宽的 1/5，被黑毛。额宽略小于头宽的 1/3，黄色，后部 1/4 处黑色，被黑毛，中部 1/3 复黄粉。面黄色，有黑中纹。前、中足腿节基部 1/4 黑色，后足腿节 1/5 黄色，胫节有黑环。腹部第 2 背片端半部，第 3、4 背片基半部各有 1 对月形黄斑，第 2、3 对新月形环斑的内、外前角在同一个水平线上，与背板前缘距离相等。

雄虫：复眼密被黑长毛并有黄色粉。触角基部前 2 节棕黄，第 3 节黑色，仅腹面棕色。中胸盾片黑色，前半部被黄毛，后半部被棕黑毛。小盾片黄色，被黑毛。

前、中足主要棕黄色，腿节基部 1/2~1/3 黑色，跗节背面黑色，末节黄色；后足腿节黄色，末端黄色；胫节黄色，中段以远有黑环，跗节黑色。翅透明，R_{4+5} 脉中段弯曲。

分布：北京、内蒙古、甘肃、黑龙江、河北、上海、江苏、浙江、江西、湖北、广西、云南。

防治对象：蚜虫。

41. 斜斑鼓额食蚜蝇 *Scaeva pyrastri* (Linnaeus), 1758

形态特征：成虫体长 13~15mm，宽 4~5mm，较粗壮。

复眼赤褐色，密覆短毛；额棕黄色，雄虫额向前鼓出；颜棕黄色，颜中突棕黄色，周围毛棕黄色；雄虫两侧沿眼缘处有明显黑色毛。触角第 1、2 节黄褐色，第 3 节及触角芒黑褐色。

中胸前盾片蓝黑色，但两侧棕黄色，具光亮；小盾片棕黄色，前、中足基部、后足腿节大部分及各足跗节棕褐色，其余棕黄色。

图 267　斜斑鼓额食蚜蝇
（引自《四川农业害虫天敌图册》）

腹部棕黑色具光泽，第 2~4 节背板各有 1 对黄斑，第 1 对黄斑长条形，第 2、3 对斑稍倾斜，第 4、5 节白斑后缘黄色。

分布：湖北、江苏、浙江、江西、北京、河北、上海、吉林、辽宁、云南、西藏、甘肃。

防治对象：棉蚜及多种蚜虫。

42. 梯斑墨食蚜蝇 *Melanostoma scalare* (Fabricius), 1794

形态特征：成虫体长 8~10mm。

单眼三角区黑色，额、颜黑色覆灰色粉被，稍具光泽。触角棕黄色，第 3 节背侧褐色，足大部棕黄色。

雄腹部明显狭于胸部，长约为宽的 5.5 倍，第 2 节背板中部有 1 对小形黄斑，第 3、4 节背板各有与前缘相连的黄色长方形斑 1 对；雌虫腹部圆锥形，第 2、3、4、5 节背板各生黄斑 1 对，第 2 节黄斑小，生于两侧近中部，第 3、4 节斑大外缘凹入，前缘达背板前缘。

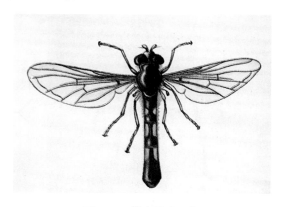

图 268　梯斑墨食蚜蝇
（引自《四川农业害虫天敌图册》）

分布：湖北、四川、浙江、福建、云南、西藏。

防治对象：蚜虫。

43. 四条小食蚜蝇 *Paragus quadrifasciatus* Meigen

形态特征：成虫体长 5~6mm。复眼上各有 2 条明显的灰白色眼毛，从上到下并行排列，此即"四条"名称之由来。雄颜黄色，雌额黑色，覆淡色粉被。雄额全黄，雌颜正中有暗的狭纵条。中胸背板蓝色，带绿色光泽，前半部有 1 对较短的灰白色纵条。小盾片前半黑色，后半黄色。足棕黄色或前、中足腿节基部及后腿节大部黑色。雄蝇第 1、2 腹节黑色，第 3~5 节背板棕色，第 2、3 背板的前半部各有 1 条中间断裂或完整的黄白色横带，第 2 背板黄带的两侧不达背板边缘，第 3 背板黄带两侧至背板边缘处变宽，第 4 背板的前半部

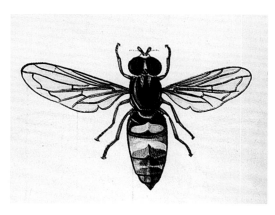

图 269　四条小食蚜蝇
（引自《四川农业害虫天敌图册》）

和第 5 背板中间两侧各有 1 条被白粉的狭横带。雌蝇腹部 4 条黄横带正中断裂或完整，第 4、5 背板上也有被白粉的狭带。

分布：湖北、河北、河南。

防治对象：棉蚜。

图 270　赤腹茧蜂

44. 赤腹茧蜂 *Iphiaulax impostor* (Scopoli), 1763

形态特征：成虫体长 3~7mm，前翅多无小室或不明显，无第 2 回脉。腹部圆筒形或卵圆形，并胸腹节大形，第 2、3 节背板愈合，之间仅有横凹痕，不能自由活动。其蛹茧白色、丝质、长椭圆形，但有一面平截（着生面），长 13mm，宽 4mm，老熟幼虫白色，无足、蛆状，长 12mm，宽 3.5mm。

分布：吉林、浙江、江苏、甘肃。

防治对象：天牛幼虫。

45. 燕麦蚜茧蜂 *Aphidius avenae* Haliday, 1834

形态特征：雌虫体长 2.5~3.4mm，触角 15~17 节（多数个体 16 节）；雄虫体长 1.8~2.9mm，触角 18~21 节（多数个体 19 节）。体褐色；颊、唇基、口器为黄褐色；腹柄节前端 2/3 为黄褐色，后缘 1/3 为黑褐色，足黑褐色。头横宽；后头脊明显；上颚比复眼横径短（3∶4），两边近于平行，后头脊明显。鞭节粗，第 1 鞭节长为宽的 3 倍，第 10 鞭节长为宽的 2 倍。前翅中脉基部消失，第一径室与中室愈合；径室外缘由第二径间脉封闭（颜色较浅）；翅痣长为宽的 3.3 倍，为痣外脉的 1.5 倍；径脉第一段为翅痣宽度的 1.4 倍。盾纵沟深而明显，内具横脊，全程达中胸盾片的 1/2，沟缘具长毛。并胸腹节由隆脊形成很窄小的五边形小室。腹柄节长，长度为气门瘤处宽度 3.5 倍，由气门瘤以后逐渐扩

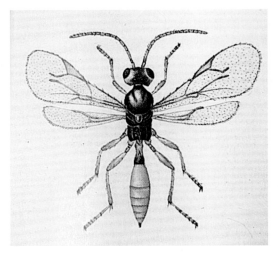

图 271　燕麦蚜绒茧蜂
（引自《四川农业害虫天敌图册》）

大。腹部：雌虫：纺锤形，雄虫：长椭圆形。产卵管鞘短而宽，背面隆起明显，上具4~5根长毛，腹面具4根长毛。

分布：北京、辽宁、河北、河南、湖北、湖南、江苏、浙江、江西、福建、广东。

防治对象：寄生麦长管蚜。

46. 菜粉蝶绒茧蜂 *Apanteles glomeratus* (Linnaeus), 1758

形态特征：体长约3mm，黑色，须黄色，触角近基部红褐色，足除腿节、胫节末端外大部分黄褐色；翅透明，翅基片暗红色；翅痣、翅脉淡红褐色；第1、2腹节背板侧缘黄色，腹面基部黄褐色。

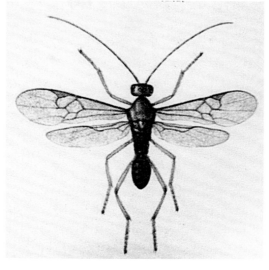

图272 菜粉蝶绒茧蜂（引自《天敌昆虫图册》）

头横宽，大部分有光泽和细褶；盾纵沟浅，且有细刻纹；小盾片平，有光泽；中胸侧板上部具刻点，下部平滑；并胸腹节有粗糙纵脊，中央有纵脊痕。

胸腹等长，腹末尖；第1、2背板具皱纹，余皆光滑，第1背板长约为宽的1.5倍，侧缘平行；第2背板短于第3背板，有深的斜沟，侧方平滑；径脉自翅痣中央伸出，第一段明显长于肘间脉，连接处成折角；亚盘脉从第一臀室中央伸出，后足基节上部及侧面有光泽，下方有刻点；后胫距短于基跗节之半。产卵器短。

分布：黑龙江、吉林、辽宁、内蒙古、陕西、河北、山西、江苏、浙江、台湾。

防治对象：菜粉蝶、山楂粉蝶幼虫。

47. 苜蓿叶象姬蜂 *Bathyplectes curculionis* (Thomson)

分布：新疆、内蒙古、甘肃等。

防治对象：苜蓿叶象甲。

图273 苜蓿叶象姬蜂

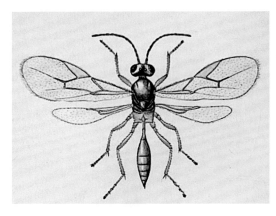

图 274　烟蚜茧蜂
（引自《四川农业害虫天敌图册》）

48．烟蚜茧蜂 *Aphidius gifuensis* Ashmead，1906

形态特征：成虫体长 2.0~2.7mm，翅长 1.8~2.5mm，触角长 1.9~2.1mm。体橘黄色至黄褐色。

头部黑色横宽，表面光滑，有光泽；复眼、单眼黑色；复眼大，有短毛；单眼呈锐角至直角排列与头顶；触角线状，棕褐色，雌 16~18 节，多为 17 节。雄 19~20 节，基部 2 节及鞭节第 1 节显黄色；颜面褐黄色，唇基、上唇、上颚及须黄色。

胸部背面棕褐色，有时具橘黄色斑，侧面及腹面淡黄色至黄褐色；中胸盾片前方垂直落砌于前胸背板上，盾纵沟在前方向上隆起处明显，沿盾片边缘和盾纵沟有较长细毛；并胸腹节上的中央小室狭长，沿盾片边缘和盾纵沟有较长细毛，向后端渐膨大，中部背面稍缢缩。

腹背面具皱，中间有纵脊。

分布：陕西、河北、山东、江苏。

防治对象：麦二叉蚜、麦长管蚜、棉蚜、大豆无网长管蚜、桃蚜等。

49．菜蚜茧蜂 *Diaeretiella repae* Mintosh

形态特征：雌成虫体长 2.1~2.9mm，翅长 1.9~2.3mm，触角长 1.3~1.5mm。

头部黑褐色，横形，表面光滑具短毛，有光泽，与中胸背板等宽。颊为复眼宽的 1/5，上颊与复眼横径等宽。复眼突出长卵圆形，向唇基收敛。触角线状，13~15 节，通常 14 节，鞭节第 1、2 节等长，向端部略加粗。柄节、梗节及鞭节第 1 节基部黄色，其余鞭节呈褐色。

中胸背板光滑，疏生细毛。盾片前段垂直砌片背板上，盾纵沟仅肩部处明显且深。并胸腹节具脊和窄而小的五边形小室。

腹柄节黄褐色，长为气门瘤处宽的 3.5 倍，向末端渐稍扩大，中央具稍微分叉的纵脊。腹部纺锤形，光滑有稀毛，第

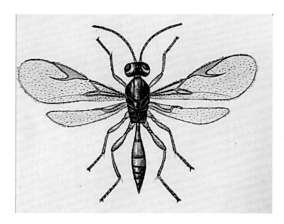

图 275　菜蚜茧蜂
（引自《四川农业害虫天敌图册》）

2、3 节背板黄褐色，其余腹节黑褐色。

分布：陕西、甘肃、新疆、北京、浙江、福建、台湾、河南、湖北、广东、四川。

防治对象：麦二叉蚜、麦长管蚜、菜蚜、菜缢管蚜、桃蚜、棉蚜等。

50. 塔六点蓟马 *Scolothrips takahashii* Priesener, 1950

形态特征：成虫体长 0.9mm 左右，淡黄色至橙黄色。

头顶平滑。单眼区呈半球形隆起，单眼间有 1 对长鬃，接近两触角窝有 1 对短鬃。触角 8 节，较短，约为头长的 1.5 倍，第 2 节最大，近圆形，末端 2 节最小。

前胸长约与头长相等，周缘有褐黑色长鬃 6 对。翅狭长，稍弯曲，前缘有鬃 20 根，后缘有长而密的缨毛。翅上有明显的黑褐色斑 3 块，有翅脉 2 条，上脉具黑褐色长鬃 11 根。

腹部第 9 节上的鬃比第 10 节上的长。

分布：湖北、江苏、上海。

防治对象：叶螨。

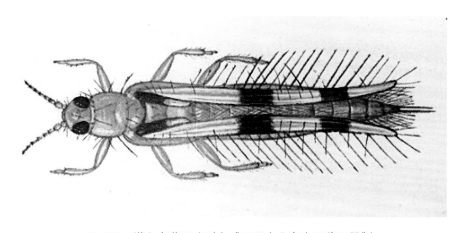

图 276　塔六点蓟马（引自《四川农业害虫天敌图册》）

51. 横纹金蛛 *Argiope bruennichii* (Scopoli), 1772

形态特征：雌成蛛：体长 18~25mm。头胸部呈卵圆形，背面灰黄色，密生银白色毛。螯肢基节、触肢、颚叶和下唇皆黄色。中窝纵向、颈沟、放射沟均为深灰色。胸板中央黄色，边缘黑色。步足黄色，上有黑色斑块和黑色轮纹。腹部呈长椭圆形，背面黄色，自前向后共有 10~11 条黑色横纹。腹部腹面有 1 条黑色纵带，上有 3 对黄色圆点，两侧各有 1 个淡黄色纵斑。纺器呈棕红色。

雄成蛛：体长 5.50mm 左右，体色不如雌成蛛鲜艳。头胸部及步足皆呈黄色。腹部背面密布白色鳞斑，两侧各有 6~7 枚黑色点斑，在第 3~7 对点斑之间亦有数个黑色点斑组成横向排列。腹部腹面两侧各有 1 个白色条斑。

分布：湖北、云南、广东、广西、湖南、贵州、四川、江苏、安徽、山东、新疆、甘肃、吉林、辽宁。

防治对象：蛾、蝶、叶蝉、飞虱等。

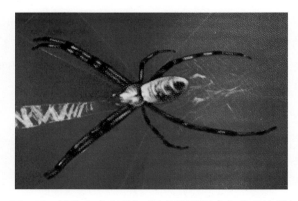

图 277　横纹金珠（引自《中国烟草昆虫》仿冯钟麒）

52. 黄褐新园蛛 *Neoscone doenitzi* (Bose.et Str.), 1906

形态特征：雌成蛛体长 9mm，雄成蛛体长 7mm 左右。背甲黄褐色，中央及两侧有黑色条纹。胸板黑色。腹部卵圆形，腹背黄褐色，基半部有 2 对"八"字形淡黄色斑纹和两对黑斑点，在第一对黑斑点的中间还有两个小的黑点；后半部有 4 条渐次减短的黑色横纹，横纹的中央淡黄色，两侧各有黑斑形成的纵纹 1 条，直达腹的末端。腹面中央有长方形黑褐色斑，其两侧和后方有白色斑。黄褐新园蛛随环境变化较大，至 9 月以后，一般变为棕黄或红棕色，但从腹背的黑点和纵纹仍然可以识别出来。雌蛛产卵于丝织卵囊内，卵囊外还有一层丝网盖住，从外面隐约可见其中卵粒。卵初产时白色，后

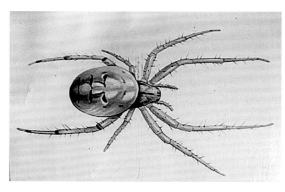

图 278　黄褐新园蛛
（引自《中国蜘蛛原色图鉴》）

变橙黄色。幼蛛从卵内孵出时为灰白色，后变淡黄绿色，腹背有 4 个明显的黑点。稍大后，4 个黑点后方出现黑色的横纹和其间的纵纹。腹面中央有黑纹。

分布：吉林、辽宁、山东、江苏、安徽、浙江、江西、湖北、湖南、四川、台湾。

防治对象：多种害虫。

53. 大腹园蛛 *Araneus ventricosus* (L. Koch), 1878

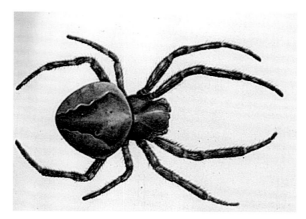

图 279　大腹园蛛（引自《中国蜘蛛原色图鉴》）

形态特征：雌成蛛：体长 12~22mm。体色与斑纹多变异，一般黑或黑褐色。背甲扁平，前端宽，中窝横向，颈沟明显。胸板中央有一"T"形黄斑，周缘呈黑褐色轮纹。腹部背面前端有肩突，心脏斑黄褐色，其两侧各有 2 个黑色筋点，呈梯形排列。腹背后部直至体末端有一棕黑色叶斑，边缘有黑色波纹，叶斑两侧为黄褐色。腹部腹面中央褐色，两侧各有 1 个黑色条斑。纺器黑褐色。外雌器垂体呈黑色，弯曲部柔软，黄白色，有环纹，末部褐色，坚硬，边缘卷起。

雄成蛛：体长 12~17mm。中窝横凹呈坑状。步足较雌蛛长。第 1 对步足胫节末端较粗，下方内侧角有粗刺，后跗节基半部有 1 条弧形弯曲。

分布：湖北、湖南、四川、江苏、浙江、安徽、贵州、云南、河南、河北、上海、北京、山东、陕西、辽宁、吉林、内蒙古、宁夏、青海、新疆。

防治对象：马尾松毛虫、蚊、蝇、蜻蜓、蜉蝣等。

54. 黑斑亮腹蛛 *Singa hamata* (Clerck), 1757

形态特征：雌成蛛体长 5~6mm，雄成蛛体长 3~4mm。色泽较雌蛛深。背甲棕褐色，头部黑褐色，眼区黑色，颈沟、放射沟黑色，中窝横向，胸板褐色，多黑刺。步足棕黄色，各节末端深褐色。腹部长卵圆形，腹背中央黄褐色，其两侧各有 1 条棕黑色纵

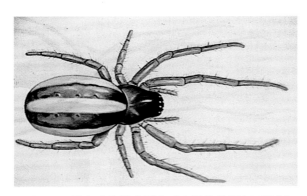

图 280　黑斑亮腹蛛（引自《中国蜘蛛原色图鉴》）

带，其内侧有 5 对黑色小圆点，腹背两侧缘浅棕黄色。腹面中央黑色，两侧有一黄白色条纹。纺器黑色。

分布：四川、吉林、辽宁、内蒙古、宁夏、甘肃、青海、新疆、河北、北京、山西、陕西、山东、河南、江苏、浙江、湖北、湖南、广东、贵州。

防治对象：多种害虫。

55. 四点高亮腹蛛 *Hypsosinga pygmaea* (Sundevall), 1831

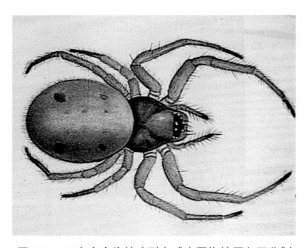

图 281　四点高亮腹蛛（引自《中国蜘蛛原色图鉴》）

形态特征：成蛛体长 3~4mm。头胸部褐色，步足黄褐色，跗节末端色泽较深。幼蛛腹部背面黄白色，有两对黑点；成蛛腹部赤褐色，两对黑点不明显，有些个体在腹部背面中央和两侧有黄白色或灰褐色条纹。

分布：四川、内蒙古、宁夏、甘肃、新疆、陕西、山东、河南、江苏、安徽、浙江、湖北、江西、湖南、福建、广东、贵州。

　　防治对象：叶螨、飞虱、棉蚜、蓟马等。

56．草间小黑蛛 *Erigonidium graminicolum* (Sundevall), 1829

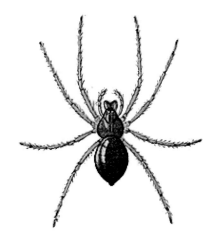

　　形态特征：雌成蛛：体长 2.8~3.2mm。头胸部赤褐色，具光泽，颈沟、放射沟、中窝色泽较深。前、后齿堤均 5 齿，但螯齿堤的齿较大。胸板赤褐色。步足黄褐色。腹部卵圆形，灰褐色或紫褐色，密布细毛。腹部中央有 4 个红棕色凹斑，背中线两侧有时可见灰色斑纹。

　　雄成蛛：体长 2.5~3.5mm。头胸部赤褐色。螯肢基节外侧有颗粒状凸起形成的摩擦脊，内侧中部有 1 大齿，齿端具长毛 1 根，前齿堤 6 齿；后齿堤 4 齿。触肢之膝节末端腹面有 1 个三角形突。

图 282　草间小黑蛛
（引自中国农业有害生物信息系统：
http://www.agripests.cn/index.asp ）

　　分布：湖北、湖南、江苏、浙江、台湾、福建、广东、安徽、河北、辽宁、吉林、江西、山东、陕西、广西、贵州、山西、河南、新疆、宁夏、青海、上海、云南。

　　防治对象：蚜虫、蓟马、红蜘蛛、棉铃虫、小造桥虫。

57．拟环纹豹蛛 *Pardosa pseudoannulata* (Bose. *et* Str.), 1906

　　形态特征：雌成蛛：体长 10~14mm。头胸部背面正中斑呈黄褐色，前宽后窄，正

图 283　拟环纹豹蛛
（引自《中国烟草昆虫》）

中斑前方具 1 对色泽较深的棒状斑，中窝粗长呈赤褐色。背甲两侧的侧纵带呈暗色。前眼列平直并短于第二眼列，第二行眼大。额高为前中眼的 2 倍。胸板黄色，在第 1/2、2/3、3/4 对步足基节间的部位各有 1 对黑褐色斑点。步足褐色，具淡色轮纹，各胫节有 2 根背刺。腹部心脏斑呈枪矛状，其两侧有数对黄色椭圆形斑，前两对呈"八"字形排列，其余数对左右相连，每个斑中各有 1 个小黑点。

雄成蛛：体长 8~10mm。体色较暗。胸板呈黑褐色。

分布：湖北、湖南、江苏、浙江、安徽、台湾、福建、广东、广西、江西、云南、贵州、河南、陕西、河北、北京、上海、甘肃、吉林、辽宁、西藏。

防治对象：飞虱、叶蝉及螟蛾科等害虫。

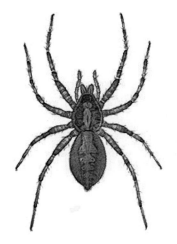

图 284　星豹蛛
（引自中国农业有害生物信息系统：
http://www.agripests.cn/index.asp）

58. 星豹蛛 *Pardosa astrigera* L. Koch, 1877

形态特征：雌成蛛：体长 5.5~10.0mm。体黄褐色，背甲正中斑浅褐色，呈"T"字形，两侧有明显的缺刻，两侧各有 1 条褐色纵带。放射沟黑褐色。头部两侧垂直，眼域黑色，前眼域短于第二行眼，后中眼大于后侧眼。胸板中央有一棒状黑斑。步足多刺，具深褐色轮纹，以第 4 对步足为最长，其胫节背面基部的刺与该步足膝节之长度相等。第 1 步足胫节有 3 刺，第 4 后跗节略长于膝、胫节长度之和。腹部背面黑褐色。心脏斑黄色，后方有黑褐色细线纹分割为数对黄褐色斑纹，其中各有 1 黑点，形似"小"字形。腹部腹面黄褐色，正中央淡黄色，有的个体可见 1 个大"V"形斑。

雄成蛛：体长 8mm 左右。全体呈暗褐色或黑褐色。背甲及腹部背面的色泽及斑纹与雌蛛相似。胸板褐色或黑褐色，大部分个体胸板中央具棒状黄斑。第 1 步足胫节、后跗节多刚毛，而这些刚毛由上述 2 节的基部直至端部，依次由长而变短。触肢器上密生黑色毛。

分布：湖北、湖南、福建、台湾、江西、浙江、江苏、安徽、河北、山西、山东、陕西、四川、北京、青海、新疆、宁夏、西藏、辽宁、吉林。

防治对象：棉蚜、飞虱、叶蝉，以及棉铃虫、玉米螟、地老虎等鳞翅目的卵和幼虫。

59. 沟渠豹蛛 *Pardosa laura* Karsch, 1879

形态特征：雌成蛛：体长 6~8mm。背甲黑色，正中斑窄长部位两侧缘的缺刻不像星豹蛛那样明显。前额颇圆，后端略细，并生有白色细毛。正中斑两侧有深褐色侧斑。

放射沟明显。第一眼列同大并略短于第二眼列；第二眼列位于额缘下；第三眼列位于头顶部之弯曲面上。胸板周缘为黑褐色，中央有一个"V"字形黑斑；有的个体胸板几乎全部呈黑色，仅在中部显有长椭圆形的淡黄色区。步足淡黄色，具深褐色轮纹，第1步足跗节背面基部有1根长毛，以第4对步足为最长，其胫节背面有刺。腹部背中央黄褐色，两侧为深褐色，心脏斑的前端具1对小黑点，两侧及后端各有2对黑色斑点及许多小黑点。腹部腹面黄褐色。

图 285　沟渠豹蛛（引自《中国烟草昆虫》）

雄成蛛：体长 4~5mm。体形似雌成蛛，色泽较暗。触肢上密生黑毛，各节的长度：腿节 0.75mm，膝节 0.35mm，胫节 0.51mm，跗节 0.75mm。

分布：湖北、湖南、江苏、浙江、台湾、安徽、福建、贵州、山东、河南、陕西、甘肃。

防治对象：飞虱、叶蝉等。

60. 三突花蛛 *Misumenopos tricuspidata* (Fahricius), 1775

形态特征：雌成蛛：体长 4~6mm。体色多变，有绿、白、黄色。两眼列均后曲，前侧眼较大并靠近，余眼等大，均位于眼丘上。心脏斑心形，长宽几乎相等。前 2 对步足长，各步足具爪，有齿 3~4 个。腹部呈梨形，前宽后窄，腹背斑纹变化较大，有 3 种基本类型：无斑型、全斑纹型及介于两者之间的中间斑纹型。

雄成蛛：体长 3~5mm。背甲红褐色，两侧各有一条深褐色带纹，头胸部边缘呈深褐色。有 2 对步足的膝节、胫节、后跗节的后端为深棕色。触肢器短而小，末端近似 1 个小圆镜，胫节外侧有 1 个指状凸起，顶端分叉，腹侧另有 1 个小凸起，初看似 3 个小凸起。

分布：湖北、湖南、江苏、浙江、安徽、江西、广东、福建、台湾、云南、上

图 286　三突花蛛（引自《中国烟草昆虫》）

海、山东、河南、山西、陕西、河北、北京、贵州、新疆、宁夏、青海、内蒙古、辽宁、吉林。

防治对象：叶螨、蚜虫、马尾松毛虫、斜纹夜蛾、绿盲蝽等害虫。

图 287　波纹花蟹蛛（引自《中国烟草昆虫》）

61. 波纹花蟹蛛 *Xysticus croceus* Fox, 1937

形态特征：雌成蛛：体长 6~9mm。背甲两侧有一深棕色宽纵带。二眼列均后曲，侧眼大于中眼。胸板黄色，布有棕色斑点。第 1、2 对步足较长，腿节末具褐斑，胫节及后跗节多刺。腹部后端宽，背面具棕黑色斑纹。外雌器前缘不成弧形，而中部下凹，其后缘有波状弯曲。

分布：湖北、湖南、四川、安徽、江苏、浙江、山东、山西、陕西。

防治对象：为害棉花、大豆、苜蓿等的害虫。

62. 斜纹花蟹蛛 *Xysticus saganus* Boes. *et* Str., 1906

形态特征：雌成蛛：体长 8.0~10.5mm。背甲宽圆，中央斑淡黄色，两侧各有 1 条浅褐色纵行带纹。背甲前端及两侧具有对称排列的黑褐色刚毛。前、后眼列之间有 1 条白色横带相隔。螯肢前齿堤有 7~8 根粗刚毛。胸板前平后尖具黑色长刚毛。腹部背面两侧有较宽的斜行横带，腹背两侧缘及腹部腹面有许多浅黄色及灰白色相间的斜纹。

雄成蛛：体长 8~9mm。体形似雌蛛。

分布：山东、吉林、江苏、山西、新疆、西藏。

防治对象：为害水稻、棉花等的害虫。

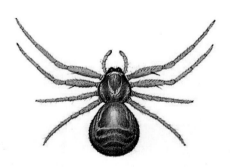

图 288　斜纹花蟹蛛（引自中国农业有害生物信息系统：http://www.agripests.cn/index.asp）

第十章

苜蓿主要害虫防治技术规程

1　范围

本标准规定了苜蓿田主要害虫防治技术规程的术语和定义、防治对象、防治指标和防治技术。

本标准适用于我国苜蓿田主要害虫防治。

2　规范性引用文件

下列文件对于本文件的应用是必不可少的。凡是注日期的引用文件，仅所注日期的版本适用于本文件。凡是不注日期的引用文件，其最新版本（包括所有的修改单）适用于本文件。

GB 4285《农药安全使用标准》

GB/T 8321《农药合理使用准则》

NY/T 1276《农药安全使用规范总则》

3　术语和定义

3.1　防治指标（Economic threshold）

害虫的某一种群密度，对此密度应采取防治措施，以防害虫达到经济为害水平，即引起经济损失的最低虫口密度。

3.2　安全间隔期（Safety interval）

最后一次施药至利用前的时间间隔，该时间间隔内农药残留降至最大允许残留量以下。

3.3 植物源农药（Plant pesticide）

从植物中提取的活性成分、植物本身和按活性结构合成的化合物及衍生物。

3.4 陷阱法（Pitfall traps）

利用昆虫对引诱物的趋性，设置陷阱诱集昆虫的方法。

3.5 复网（Double network）

1复网表示使用捕虫网贴近地面水平180℃左右各扫一次。

3.6 现蕾期（Squaring stage）

植株长（抽）出第一丛花蕾的日期称为现蕾期。

3.7 低龄幼虫（Low instar larvae）

龄期处于2龄以下的幼虫。

4 防治对象

4.1 蚜虫类

苜蓿无网长管蚜 *Acyrthosiphon kondoi* Shinji *et* Kondo、豆无网长管蚜（苜蓿蚜）*Aphis craccivora* Koch、豌豆无网长管蚜 *Acyrthosiphon pisum* (Harris)、苜蓿斑蚜 *Therioaphis trifolii* (Monell) 等。

4.2 蓟马类

牛角花齿蓟马 *Odontothrips loti* (Haliday)、烟蓟马 *Thrips tabaci* Lindeman、苜蓿蓟马（西花蓟马）*Frankliniella occidentalis* (Perg.)、花蓟马 *Frankliniella intonsa* (Trybom) 等。

4.3 蝽类

苜蓿盲蝽 *Adelphocoris lineolatus* (Goeze)、牧草盲蝽 *Lygus pratensis* (Linnaeus)、三点苜蓿盲蝽 *Adelphocoris fasciaticollis* Reuter 等。

4.4 螟蛾类

苜蓿夜蛾 *Heliothis viriplaca* (Hufnagel)、甜菜夜蛾 *Spodoptera exigua* (Hübner)、草地螟 *Loxostege sticticalis* (Linnaeus) 等。

4.5 象甲类

苜蓿叶象甲 *Hypea postica* (Gyllenahl)、甜菜象甲 *Bothynoderes punctivertuis* (Germar) 等。

4.6 地下害虫类

东北大黑鳃金龟 *Holotrichia diomphalia* (Bates)、华北大黑鳃金龟 *Holotrichia oblita* (Faldermann)、铜绿丽金龟 *Anomala corpulenta* Motschulsky、白星花金龟 *Protaetia (Liocola) brevitarsis* (Lewis)、沟金针虫 *Pleonomus canaliculatus* Faldermann、细胸金针虫 *Agriotes fuscicollis* Miwa 等。

4.7　芫菁类

豆芫菁 *Epicauta gorhami* (Marseul)、中华豆芫菁 *Epicauta chinensis* Laporte、绿芫菁 *Lytta caraganae* (Pallas)、苹斑芫菁 *Mylabris (Eumylabris) calida* (Palla) 等。

5　防治指标

5.1　蚜虫类

表 10-1　苜蓿不同生长期的蚜虫防治指标

株高	苜蓿斑蚜		苜蓿无网长管蚜		豌豆无网长管蚜		苜蓿蚜	
	1 复网	枝条（个）	1 复网	枝条（个）	1 复网	枝条（个）	1 复网	枝条（个）
<5cm	—	1	—	1	—	5	—	5
5~25cm	100	10	100	10	300	40	300	40
>25cm	200	30	200	30	400	75	400	75

5.2　蓟马类

苜蓿株高低于 5cm 时，防治指标为 100 头 / 百枝条；苜蓿株高低于 25cm 时，防治指标为 200 头 / 百枝条；株高大于 25cm 时，防治指标为 560 头 / 百枝条。

5.3　盲蝽类

若虫 4 头 / 复网。

5.4　草地螟

低龄幼虫 7~10 头 / 百枝条。

5.5　苜蓿夜蛾

低龄幼虫 3~5 头 / 百枝条，或 15 头 / 复网。

5.6　苜蓿叶象甲

低龄幼虫 20 头 / 复网，或 1 头 / 枝条。

5.7　芫菁类

成虫 1 头 /m^2。

6　防治技术

6.1　农业防治

（1）及时刈割：现蕾期前后，害虫数量即将或达到防治指标时，及时刈割；防治苜蓿叶象甲，5 月下旬前适时刈割。

（2）选用适宜当地种植的抗虫优良品种。

（3）加强田间水肥管理，提高植株生长势。

（4）进行轮作倒茬和品种合理布局。

（5）秋末或苜蓿返青前及时清除田间残茬和杂草，降低越冬虫源。

6.2 生物防治

（1）天敌自然控制：保护和利用苜蓿第二茬和第三茬瓢虫类、草蛉类、捕食蟥类、食蚜蝇类及寄生蜂等天敌昆虫的自然控制作用。

（2）微生物农药：选用苏云金杆菌 (*Baeillus thuringiensis*）和绿僵菌 (*Metarhizium anisopliae*) 等新剂型防治蚜虫和螟蛾类。

（3）药剂防治：严格执行 GB 4285、GB/T 8321 和 NY/T 1276 等相关规定。

表 10-2　苜蓿田主要害虫药剂防治方法

药剂类别	通用名	剂型和含量	有效成分使用量（g/hm^2）	防治对象	使用适期	使用方法	安全间隔期
植物源农药	藜芦碱	0.5% 可溶性液剂	5.628~7.5	蚜虫、蓟马、盲蝽类、苜蓿夜蛾、草地螟和芫菁类	现蕾期前，且田间天敌数量较多时	叶面喷雾	—
	印楝素	0.5% 乳油	9.375~11.25				
	苦参碱	1% 乳油	7.5~18				
	鱼藤酮	2.5% 乳油	37.5	蚜虫			
	斑蝥素	0.1% 水溶剂	200~250	蓟马、草地螟			
化学农药	毒死蜱	40% 乳油	450~900	蓟马、苜蓿叶象甲、苜蓿籽象甲、盲蝽类和芫菁类	现蕾期前，且天敌数量少，作为应急防治	叶面喷雾	7 天
	高效氯氰菊酯	4.5% 乳油	15~22.5				7 天
	溴氰菊酯	2.5% 乳油	8~15				7 天
	吡虫啉	3% 乳油	18~22.5	蚜虫			7 天
	啶虫脒	5% 乳油	15~30				14 天
	甲基异柳磷	40% 乳油	0.05%	地下害虫、象甲	播种时	拌种	—
	辛硫磷	3% 颗粒剂	200~400		苗期	撒施	—
	毒死蜱	15% 颗粒剂	拌细土 5~6 倍				—

注：施药时要保证药量准确，喷雾均匀，喷雾器械达到规定的工作压力，尽可能在无风条件下施药，施药时间为每日 10:00 以前或 17:00 以后，施药后 12 小时内遇降水应补喷，同时应交替使用本规程推荐的药剂。

6.4 物理防治

（1）黏虫板诱杀：蚜虫采用黄板诱杀，蓟马采用篮板诱杀。诱虫板下沿与植株生长点齐平，随植株生长调整悬挂高度；每公顷悬挂规格为25cm×30cm的黏虫板450张，或20cm×30cm规格的600张。当诱虫板因受到风吹日晒及雨水冲刷失去粘着力时，应及时更换。

（2）陷阱法诱杀：针对地下害虫，采用一次性塑料杯作为诱集容器，引诱剂为醋、糖、酒精和水的混合物，重量比为2:1:1:25，每个诱杯内倒入40~60mL引诱剂，放